MARCOS RAMON DA SILVA

I0478204

INTELIGÊNCIA ARTIFICIAL
PARA INICIANTES

NAVEGANDO NO FUTURO COM A INTELIGÊNCIA ARTIFICIAL

**Conteúdo essencial para que deseja
começar a trabalhar com IA**

Edição 1

**Buscai o Senhor Deus enquanto é possível achá-lo, invocai-o
enquanto está perto! (Isaias 55:6)**

Sumário

3

Prefácio

Caro leitor,

Bem-vindo ao universo fascinante da inteligência artificial! Este livro, "INTELIGÊNCIA ARTIFICIAL PARA INICIANTES", é uma porta de entrada acessível e abrangente para aqueles que desejam explorar os fundamentos desse campo dinâmico e inovador. À medida que a tecnologia continua a evoluir, a inteligência artificial se destaca como uma força motriz por trás de muitas inovações significativas. Este livro busca proporcionar uma compreensão clara e concisa dos princípios fundamentais da inteligência artificial, tornando o complexo mundo da IA acessível a todos os iniciantes.

Ao longo destas páginas, você encontrará explicações detalhadas, exemplos práticos e uma abordagem passo a passo para ajudá-lo a navegar pelos conceitos essenciais da inteligência artificial. Desde os fundamentos teóricos até as aplicações práticas, o livro visa oferecer uma visão abrangente, permitindo que os leitores adquiram conhecimentos sólidos nesse emocionante campo.

É meu sincero desejo que esta obra sirva como uma ferramenta valiosa para aqueles que estão dando os primeiros passos no vasto território da inteligência artificial. Que ela inspire a curiosidade, promova a compreensão e catalise o entusiasmo em torno deste campo em constante evolução.

Preparado para embarcar nessa jornada de descoberta? Vamos explorar juntos as maravilhas da inteligência artificial e desvendar as possibilidades emocionantes que ela oferece para o futuro.

Inteligência Artificial

Introdução

O termo Inteligência Artificial (IA), é campo empolgante e dinâmico da ciência da computação, representa a busca incessante por capacitar máquinas a realizar tarefas que, até então, eram exclusivas da mente humana. No cerne da IA estar a ambição de desenvolver algoritmos e sistemas capazes de aprender, raciocinar e tomar decisões de maneira autônoma, impulsionando a capacidade das máquinas de imitar a inteligência humana. Ao longo das décadas, a Inteligência Artificial evoluiu desde conceitos teóricos até aplicações práticas que permeiam diversos setores da sociedade. A combinação de algoritmos avançados, poder computacional crescente e vastos conjuntos de dados impulsionou avanços significativos, permitindo que a IA transcenda as fronteiras do que antes parecia inatingível.

Desde sistemas de reconhecimento de padrões até assistentes virtuais inteligentes, a IA estar redefinindo a forma como interagimos com a tecnologia e como enfrentamos desafios complexos. À medida que nos aprofundamos nesse mundo, descobrimos não apenas o potencial transformador da IA, mas também as questões éticas e sociais que ela levanta.

Ao longo desta jornada, mergulharemos nos fundamentos teóricos, nas aplicações práticas e nas implicações éticas, buscando compreender como a IA molda o presente e delineia o futuro. Este é apenas o começo de uma jornada emocionante pelo vasto e intrigante domínio da Inteligência Artificial.

Capítulo 1

A Gênese da IA

1.1 Breve história da IA

A história da Inteligência Artificial (IA) é marcada por uma trajetória fascinante e repleta de avanços notáveis. O seu início remonta a meados do século XX, quando os pioneiros da computação começaram a contemplar a possibilidade de criar máquinas capazes de imitar a inteligência humana.

O termo "Inteligência Artificial" foi cunhado pela primeira vez em 1956, durante a Conferência de Dartmouth, nos Estados Unidos, por John McCarthy, Marvin Minsky, Nathaniel Rochester e Claude Shannon. Esses visionários acreditavam que era possível criar programas de computador capazes de simular atividades cognitivas humanas, como aprendizado, resolução de problemas e reconhecimento de padrões.

Na década de 1950 e 1960, a IA estava impulsionada por otimismo e grandes expectativas. No entanto, a falta de avanços significativos levou a um período conhecido como "Inverno da IA", marcado por um declínio no financiamento e interesse. Apesar disso, pesquisadores continuaram a explorar métodos como lógica simbólica e redes neurais, pavimentando o caminho para futuros desenvolvimentos.

A década de 1980 trouxe um renascimento da Inteligência Artificial, impulsionado por avanços na capacidade computacional e o desenvolvimento de algoritmos mais sofisticados. Sistemas especialistas, baseados em regras lógicas, tornaram-se populares em aplicações específicas, como diagnóstico médico e suporte à decisão.

Nos anos 1990 e 2000, a IA expandiu-se para a vida cotidiana com o advento da internet e o crescimento exponencial na disponibilidade de dados. Algoritmos de aprendizado de máquina começaram a ganhar destaque, possibilitando que sistemas se aprimorassem com base em experiências anteriores, inaugurando uma nova era na evolução da IA.

A ascensão da IA nas últimas décadas é fortemente marcada pelo sucesso de abordagens como redes neurais profundas, que são fundamentais para muitas aplicações modernas, incluindo reconhecimento de imagem, processamento de linguagem natural e jogos estratégicos.

Hoje, a Inteligência Artificial está onipresente em nossas vidas, desde assistentes virtuais em smartphones até carros autônomos. Avanços contínuos em hardware, algoritmos e coleta de dados prometem expandir ainda mais os horizontes da IA moldando um futuro em que máquinas e humanos colaboram de maneiras cada vez mais sofisticadas.

A Gênese da Inteligência Artificial é uma narrativa emocionante de perseverança, desafios superados e inovações que continuam a redefinir o panorama tecnológico e a forma como interagimos com o mundo ao nosso redor. Este é apenas o começo de uma jornada contínua rumo à compreensão e aplicação plena da inteligência artificial.

1.2 Qual a importância da tecnologia IA?

A tecnologia da Inteligência Artificial (IA) desempenha um papel crucial e cada vez mais significativo em diversos aspectos da sociedade contemporânea. Sua importância pode ser compreendida através de várias perspectivas:

Automatização e Eficiência:

A IA permite a automação de tarefas repetitivas e rotineiras, aumentando a eficiência operacional em diversas indústrias. Isso libera recursos humanos para se concentrarem em atividades mais complexas e criativas.

Inovação e Avanço Tecnológico:

A IA impulsiona a inovação ao oferecer soluções para desafios complexos. Desde diagnósticos médicos mais precisos até o desenvolvimento de carros autônomos, a tecnologia está na vanguarda do avanço tecnológico.

Análise de Dados:

A capacidade da IA em analisar grandes conjuntos de dados de maneira rápida e precisa é fundamental para tomar decisões informadas. Isso é aplicável em setores como finanças, saúde, marketing e muitos outros.

Assistência à Decisão:

Sistemas baseados em IA oferecem suporte valioso na tomada de decisões, fornecendo insights analíticos e antecipando padrões que podem escapar à percepção humana.

Personalização de Experiência:

A IA é amplamente utilizada para personalizar experiências, desde recomendações de produtos até interfaces de usuário adaptativas, proporcionando interações mais relevantes e significativas.

Avanços na Medicina:

Na área da saúde, a IA contribui para diagnósticos mais precisos, tratamentos personalizados e descobertas científicas inovadoras, melhorando significativamente a qualidade do cuidado médico.

Segurança e Prevenção:

Em segurança, a IA é empregada para análise de padrões, prevenção de fraudes e detecção de ameaças, fortalecendo as defesas contra atividades maliciosas.

Desenvolvimento Sustentável:

A IA desempenha um papel crucial no desenvolvimento de soluções para questões globais, como energias renováveis, gerenciamento de recursos naturais e enfrentamento das mudanças climáticas.

Educação e Aprendizado Personalizado:

Na educação, a IA pode fornecer ferramentas personalizadas de aprendizado, adaptando-se às necessidades individuais dos alunos e facilitando métodos de ensino mais eficazes.

Interação Humano-Computador:

Assistentes virtuais e interfaces de voz baseadas em IA aprimoram a interação entre humanos e computadores, proporcionando experiências mais intuitivas e acessíveis.

A importância da tecnologia da Inteligência Artificial reside na sua capacidade de transformar positivamente diversos setores, impulsionando a inovação, melhorando eficiência e contribuindo para soluções complexas. No entanto, é crucial abordar questões éticas e sociais para garantir que o desenvolvimento da IA seja feito de maneira responsável e inclusiva.

1.3 Uso da tecnologia IA em diversos setores

A Inteligência Artificial (IA) tem se expandido significativamente em diversos setores, proporcionando avanços transformadores e impulsionando a eficiência em várias áreas. Aqui estão alguns exemplos notáveis:

Saúde:

Na medicina, a IA é empregada para diagnósticos mais rápidos e precisos. Algoritmos de aprendizado de máquina analisam imagens médicas, como ressonâncias magnéticas e tomografias, auxiliando na identificação de anomalias e contribuindo para tratamentos personalizados.

Finanças:

No setor financeiro, a IA é utilizada para análise de riscos, detecção de fraudes, negociação algorítmica e gestão de portfólio. Sistemas inteligentes conseguem processar grandes volumes de dados em tempo real, proporcionando insights valiosos para tomada de decisões financeiras.

Varejo e Comércio:

Empresas de varejo implementam a IA para personalização de experiências de compra, recomendações de produtos, previsão de demanda e otimização de cadeias de suprimentos. Chatbots baseados em IA também melhoram o atendimento ao cliente.

Educação:

Na área educacional, a IA é empregada para personalizar o aprendizado, oferecendo recursos adaptativos conforme as necessidades individuais dos alunos. Plataformas de e-learning também utilizam a IA para avaliações mais precisas.

Transporte e Logística:

Setores de transporte e logística se beneficiam da IA para otimizar rotas, programar manutenções preventivas em frotas, prever demandas e gerenciar inventários de forma mais eficiente. Além disso, a IA é fundamental para o desenvolvimento de veículos autônomos.

Manufatura:

Na indústria manufatureira, a IA é aplicada em processos de automação, controle de qualidade, manutenção preditiva de equipamentos e otimização de linhas de produção. Isso resulta em eficiência operacional e redução de custos.

Energia e Sustentabilidade:

No setor de energia, a IA é usada para otimizar o consumo, gerenciar redes inteligentes, prever falhas em equipamentos e facilitar a transição para fontes de energia renovável, contribuindo para práticas mais sustentáveis.

Jurídico:

Escritórios de advocacia e departamentos jurídicos utilizam a IA para pesquisa jurídica, análise de documentos, previsão de resultados legais e automação de tarefas rotineiras, melhorando a eficiência e reduzindo custos.

Telecomunicações:

No setor de telecomunicações, a IA é empregada para otimizar a manutenção de redes, melhorar a experiência do cliente, prever falhas em equipamentos e aprimorar a segurança das comunicações.

Entretenimento e Mídia:

Na indústria do entretenimento, a IA é utilizada para recomendações de conteúdo personalizado, análise de preferências do usuário e até mesmo na criação de efeitos visuais avançados.

Esses são apenas alguns exemplos do amplo espectro de aplicações da IA em diversos setores. O potencial da tecnologia da Inteligência Artificial continua a se expandir, prometendo inovações adicionais e transformações em muitas áreas da sociedade.

1.4 Recursos da tecnologia IA

Os recursos da tecnologia de Inteligência Artificial (IA) são fundamentais para seu funcionamento eficaz e aplicação em diversas áreas. Aqui estão alguns dos principais recursos que impulsionam a IA:

Aprendizado de Máquina (Machine Learning):

O aprendizado de máquina é um dos pilares da IA permitindo que sistemas aprendam a partir de dados e melhorem suas performances ao longo do tempo. Algoritmos de machine learning são capazes de identificar padrões, fazer previsões e tomar decisões com base em experiências anteriores.

Redes Neurais Artificiais:

Inspiradas no funcionamento do cérebro humano, as redes neurais artificiais são estruturas de processamento de informação que contribuem para tarefas como reconhecimento de padrões, processamento de linguagem natural e visão computacional.

Processamento de Linguagem Natural (PLN):

O PLN capacita a IA a entender, interpretar e gerar linguagem humana. Essa habilidade é essencial para CHATBOTS, assistentes virtuais, tradução automática e análise de sentimentos em textos.

Visão Computacional:

A visão computacional permite que máquinas interpretem e compreendam informações visuais. Isso é utilizado em reconhecimento facial, análise de imagens médicas, veículos autônomos e muitas outras aplicações.

Processamento de Voz:

Sistemas de processamento de voz capacitam a IA a interagir com usuários por meio da fala. Assistentes virtuais, como Siri e Google Assistant, exemplificam o uso desse recurso.

Algoritmos de Otimização:

Algoritmos de otimização são essenciais para melhorar a eficiência em processos, como a otimização de rotas de entrega, programação de tarefas e alocação de recursos.

Algoritmos de Reconhecimento de Padrões:

Esses algoritmos permitem que a IA identifique padrões em dados, sendo aplicados em diversas áreas, como diagnóstico médico, segurança e análise de dados.

Sistemas Especialistas:

Sistemas especialistas são programas de computador que utilizam conhecimento especializado para resolver problemas em domínios específicos. Eles são amplamente aplicados em diagnósticos médicos e suporte à decisão.

Algoritmos de Recomendação:

Utilizados em plataformas de comércio eletrônico, streaming de conteúdo e redes sociais, os algoritmos de recomendação analisam o comportamento do usuário para sugerir produtos, filmes ou conexões sociais.

Lógica Fuzzy:

A lógica FUZZY permite lidar com informações imprecisas ou incertas. É aplicada em sistemas de controle, automação e tomada de decisões em ambientes complexos.

Bancos de Dados de Conhecimento:

A construção e atualização de bancos de dados de conhecimento são cruciais para alimentar a IA com informações relevantes, possibilitando a execução de tarefas complexas.

Esses recursos combinados capacitam a IA a realizar uma variedade de tarefas complexas, desde o processamento de informações até a tomada de decisões autônomas. O constante aprimoramento desses recursos impulsiona o progresso contínuo da Inteligência Artificial em diferentes setores.

1.5 Principais componentes da tecnologia I.A.

A tecnologia de Inteligência Artificial (IA) é composta por diversos elementos que trabalham em conjunto para possibilitar o funcionamento eficaz de sistemas inteligentes. Aqui estão alguns dos principais componentes da tecnologia de IA:

Algoritmos de Aprendizado de Máquina:

Algoritmos que permitem que a IA aprenda padrões a partir de dados, adaptando seu comportamento com base em experiências anteriores.

Redes Neurais Artificiais:

Estruturas inspiradas no funcionamento do cérebro humano, utilizadas para processamento de informações, aprendizado e reconhecimento de padrões.

Processamento de Linguagem Natural (PLN):

Conjunto de técnicas e algoritmos que possibilitam que a IA compreenda, intérprete e interaja com a linguagem humana.

Visão Computacional:

Capacidade da IA de interpretar informações visuais, como reconhecimento de objetos, faces e análise de imagens.

Processamento de Voz:

Tecnologias que permitem que a IA processe e compreenda informações transmitidas por meio da fala humana.

Algoritmos de Otimização:

Algoritmos que buscam a melhor solução para problemas complexos, otimizando processos e recursos.

Agentes Inteligentes:

Sistemas autônomos capazes de perceber seu ambiente, tomar decisões e agir de maneira a atingir objetivos específicos.

Sistemas Especialistas:

Programas de computador que utilizam conhecimento especializado para resolver problemas em domínios específicos.

Bancos de Dados de Conhecimento:

Repositórios que armazenam informações e conhecimentos necessários para o funcionamento da IA alimentando-a com dados relevantes.

Algoritmos de Reconhecimento de Padrões:

Algoritmos que identificam padrões em dados, fundamentais para tarefas como reconhecimento facial e análise de dados.

Lógica Fuzzy:

Sistema que lida com informações imprecisas, permitindo que a IA lide com ambientes e dados incertos.

Modelos Preditivos:

Estruturas que utilizam dados históricos para fazer previsões sobre eventos futuros, sendo aplicados em diversas áreas, como finanças e manufatura.

Algoritmos de Agrupamento (Clustering) e Classificação:

Algoritmos que organizam dados em grupos (clustering) ou categorizam dados em classes (classificação), essenciais para análise de dados.

Interfaces de Programação de Aplicações (APIs) de IA:

Ferramentas que permitem a integração de capacidades de IA em aplicações existentes, facilitando o desenvolvimento de soluções inteligentes.

Sistemas de Recomendação:

Algoritmos que analisam dados de usuários para sugerir produtos, conteúdo ou conexões sociais personalizadas.

Esses componentes, quando combinados e aplicados de maneira sinérgica, formam a base da tecnologia de Inteligência Artificial, permitindo que ela execute uma ampla variedade de tarefas complexas e contribua para avanços significativos em diversos setores.

1.6 Como a IA funciona?

A Inteligência Artificial (IA) funciona através de um conjunto complexo de algoritmos e técnicas que capacitam as máquinas a realizarem tarefas que, de outra forma, exigiriam inteligência humana. O processo de funcionamento da IA pode ser resumido em algumas etapas fundamentais:

Coleta de Dados:

A IA inicia seu processo de aprendizado coletando dados relevantes para a tarefa em questão. Esses dados podem incluir informações de entrada, como textos, imagens, áudio, ou qualquer outro tipo de dado relevante para a aplicação.

Pré-processamento de Dados:

Antes de serem utilizados nos algoritmos, os dados passam por uma etapa de pré-processamento para remover ruídos, normalizar formatos e garantir que estejam em um estado adequado para análise.

Treinamento do Modelo:

A etapa de treinamento é fundamental para algoritmos de aprendizado de máquina. Durante esse processo, o modelo é exposto a conjuntos de dados rotulados, aprendendo padrões e relações entre os dados para realizar a tarefa específica.

Desenvolvimento do Modelo:

Com base nos dados de treinamento, o modelo de IA é desenvolvido. Esse modelo pode ser uma rede neural, um sistema especialista, uma árvore de decisão, entre outros, dependendo da natureza da tarefa.

Validação e Ajustes:

Após o treinamento, o modelo é validado com conjuntos de dados diferentes para garantir que generalize bem para novos dados. Se necessário, são feitos ajustes no modelo para melhorar sua performance.

Inferência ou Predição:

Após o treinamento, o modelo está pronto para realizar inferências ou previsões sobre novos dados. Isso significa aplicar o conhecimento adquirido durante o treinamento para realizar tarefas específicas sem intervenção humana direta.

Feedback e Aprendizado Contínuo:

Muitos sistemas de IA são projetados para aprender continuamente. Feedback contínuo sobre a precisão das previsões ou decisões é utilizado para ajustar e melhorar o modelo ao longo do tempo.

Integração e Implementação:

Uma vez que o modelo é considerado satisfatório, ele é integrado em sistemas ou aplicações específicas para realizar a tarefa desejada, seja no reconhecimento de voz, diagnóstico médico, recomendações de produtos, entre outros.

Monitoramento e Manutenção:

Sistemas de IA demandam monitoramento constante para garantir que continuem a operar de maneira eficaz. Atualizações, correções e ajustes podem ser necessários para lidar com mudanças nos dados ou nas condições do ambiente.

Interpretação e Explicação:

Em alguns casos, a interpretação e explicação das decisões tomadas pelos modelos de IA são importantes, especialmente em áreas críticas como saúde e justiça. Pesquisas estão em curso para tornar os modelos mais transparentes e interpretáveis.

É importante notar que diferentes tipos de algoritmos e abordagens são utilizados na IA dependendo da tarefa específica. O aprendizado de máquina, em particular, desempenha um papel fundamental, permitindo que os modelos aprendam e melhorem com a experiência. O avanço contínuo na pesquisa e na aplicação prática impulsiona a evolução da IA em diversas áreas.

1.7 Tipos de redes de IA

Existem diversos tipos de redes neurais e arquiteturas utilizadas na Inteligência Artificial (IA), cada uma adequada para diferentes tipos de tarefas. Aqui estão alguns dos principais tipos de redes de IA:

Redes Neurais Feedforward (FNN):

É a forma mais simples de rede neural, onde a informação se move em uma única direção, da entrada para a saída. Essas redes são utilizadas em tarefas simples de classificação e regressão.

Redes Neurais Recorrentes (RNN):

Projetadas para lidar com dados sequenciais, as RNNs possuem conexões que formam ciclos, permitindo que informações anteriores influenciem nas previsões futuras. São frequentemente usadas em tarefas como processamento de linguagem natural e séries temporais.

Redes Neurais Convolucionais (CNN):

Desenvolvidas para processar dados que têm uma estrutura de grade, como imagens. As CNNs são eficazes na extração de características e são amplamente usadas em tarefas de visão computacional.

Redes Neurais de Memória de Longo Prazo (LSTM):

Uma variação das RNNs, as LSTMs são projetadas para lidar com o desafio de "memória curta" em sequências longas de dados. São comumente empregadas em tarefas que exigem retenção de informações por períodos prolongados.

Redes Generativas Adversariais (GAN):

Compostas por dois modelos, um gerador e um discriminador, as GANs são usadas para gerar novos dados que se assemelham aos dados de treinamento. São aplicadas em tarefas como geração de imagens e criação de conteúdo artificial.

Autoencoders:

Estruturas que visam comprimir dados de entrada em uma representação menor e, em seguida, reconstruir os dados de maneira fiel. São utilizados em tarefas de redução de dimensionalidade e reconstrução de dados.

Redes Residuais (ResNets):

Introduzem conexões de "atalho" que permitem o fluxo direto de informações através das camadas, facilitando o treinamento de redes mais profundas. São comumente empregadas em visão computacional.

Redes Neurais Adversariais Condicionais (cGAN):

Uma extensão das GANs, as cGANs incluem informações condicionais durante o treinamento, permitindo maior controle sobre a geração de dados específicos.

Redes Siamesas:

Projetadas para comparar duas entradas e determinar sua semelhança ou diferença. São frequentemente usadas em tarefas como reconhecimento de faces e verificação de assinaturas.

Redes de Memória Diferenciável (DNN):

Desenvolvidas para manter informações específicas ao longo do tempo, sendo úteis em tarefas que exigem raciocínio lógico sequencial. Esses são apenas alguns exemplos, e a diversidade de arquiteturas de redes neurais continua a crescer com o avanço da pesquisa em IA. A escolha da arquitetura adequada depende da natureza da tarefa e dos dados envolvidos.

1.8 Protocolos da IA

Não existem protocolos específicos universalmente reconhecidos para a implementação de Inteligência Artificial (IA). No entanto, quando se trata de integração de sistemas, comunicação e padrões de dados, alguns protocolos e formatos são comumente utilizados. Aqui estão alguns deles:

REST (Representational State Transfer):

Um estilo arquitetural comumente utilizado para implementar serviços web. Aplicações de IA muitas vezes expõem interfaces RESTful para facilitar a comunicação entre sistemas.

gRPC (gRPC Remote Procedure Calls):

Um protocolo de comunicação de código aberto desenvolvido pelo Google. É usado para a chamada remota de procedimentos e é eficiente para comunicação entre sistemas distribuídos, sendo aplicável em implementações de IA.

WebSocket:

Um protocolo de comunicação bidirecional que permite a troca de mensagens em tempo real entre clientes e servidores. Pode ser utilizado para transmitir dados em tempo real em aplicações de IA, como chatbots.

MQTT (Message Queuing Telemetry Transport):

Um protocolo de mensagens leve e eficiente para dispositivos com recursos limitados. É comumente utilizado em ambientes IoT (Internet das Coisas) e pode ser aplicado em sistemas que envolvem coleta de dados para IA.

AMQP (Advanced Message Queuing Protocol):

Um protocolo de mensagens que suporta a comunicação entre sistemas distribuídos. Pode ser usado para trocar dados em tempo real em cenários de IA, especialmente em ambientes de processamento de dados em grande escala.

JSON-RPC e XML-RPC:

Protocolos simples baseados em texto para chamadas de procedimentos remotos. Podem ser utilizados para comunicação entre sistemas que suportam esses formatos de dados.

GraphQL:

Uma linguagem de consulta para APIs que permite aos clientes especificarem os dados que precisam. É útil para otimizar as solicitações de dados em sistemas de IA aonde a eficiência na comunicação é essencial.

ONNX (Open Neural Network Exchange):

Um formato de intercâmbio de modelos de aprendizado de máquina que permite a portabilidade entre diferentes frameworks. Facilita a integração e interoperabilidade de modelos de IA treinados em diferentes ambientes.

BSON (Binary JSON):

Uma representação binária de documentos JSON que pode ser eficiente para a transmissão de dados em sistemas de IA, especialmente em ambientes com largura de banda restrita.

Apache Kafka:

Uma plataforma de streaming distribuída que pode ser utilizada para processamento em tempo real de grandes volumes de dados. Pode ser integrada em sistemas de IA para lidar com fluxos contínuos de informações.

É importante observar que a escolha do protocolo depende das necessidades específicas da aplicação, das características dos sistemas envolvidos e dos requisitos de desempenho da comunicação. As tecnologias e padrões

24

estão em constante evolução, e a seleção de protocolos pode variar conforme o contexto da implementação da IA.

1.9 Evolução da tecnologia IA

A evolução da tecnologia de Inteligência Artificial (IA) tem sido marcada por avanços significativos ao longo das décadas. Aqui está uma visão geral da evolução da IA:

Décadas de 1940 e 1950:

As raízes da IA remontam a essa época, com pesquisadores como Alan Turing e John von Neumann explorando conceitos fundamentais. No entanto, as ideias eram mais teóricas do que práticas.

Década de 1950:

O termo "Inteligência Artificial" foi cunhado durante a Conferência de Dartmouth em 1956. Nessa década, surgiram os primeiros programas de IA, como o Logic Theorist, desenvolvido por Allen Newell, J.C. Shaw e Herbert A. Simon.

Décadas de 1960 e 1970:

Nesse período, o otimismo inicial em relação à IA foi seguido por um período chamado de "Inverno da IA", caracterizado por desafios técnicos, falta de avanços significativos e redução no financiamento para pesquisa em IA.

Década de 1980:

Houve um renascimento da IA, impulsionado por avanços em hardware, algoritmos e o reconhecimento da importância da abordagem do conhecimento simbólico. Sistemas especialistas foram desenvolvidos para tarefas específicas.

Década de 1990:

A IA começou a impactar a vida cotidiana com a popularização da internet. Surgiram abordagens baseadas em dados, como algoritmos de aprendizado de máquina. Destaque para o desenvolvimento de sistemas de recomendação e a aplicação de redes neurais.

Anos 2000:

Houve um foco crescente em algoritmos de aprendizado de máquina, especialmente em tarefas como reconhecimento de padrões. O interesse em IA foi reavivado com o sucesso de técnicas como Support Vector Machines e algoritmos de floresta aleatória.

Anos 2010:

O aprendizado profundo (deep learning) ganhou destaque, especialmente com o uso eficaz de redes neurais profundas em tarefas como reconhecimento de imagem e processamento de linguagem natural. Grandes volumes de dados e avanços em hardware, como GPUs, contribuíram para esse sucesso.

Atualmente (2020 em diante):

A IA estar onipresente em diversas áreas da vida, desde assistentes virtuais em smartphones até veículos autônomos. Há uma ênfase crescente na ética da IA, transparência e responsabilidade, bem como na busca por modelos mais interpretáveis.

Futuro:

A IA continua a evoluir rapidamente, com previsões para avanços em áreas como IA geral (capacidade de realizar tarefas variadas como um humano), IA explicável, e abordagens mais sustentáveis e éticas. Setores como saúde, finanças e educação devem ser transformados por inovações em IA.

A evolução da IA reflete avanços contínuos em algoritmos, hardware e compreensão teórica. À medida que a tecnologia progride, questões éticas e sociais tornam-se cada vez mais importantes, levando a uma abordagem mais consciente e responsável na pesquisa e implementação da IA.

1.10 Benefícios da tecnologia IA

A tecnologia da Inteligência Artificial (IA) oferece uma variedade de benefícios significativos em diversas áreas. Aqui estão alguns dos principais benefícios da IA:

Automatização de Tarefas Repetitivas:

A IA é capaz de automatizar tarefas rotineiras e repetitivas, permitindo que os humanos se concentrem em atividades mais complexas e estratégicas.

Eficiência Operacional:

Sistemas baseados em IA podem executar tarefas de forma rápida e eficiente, contribuindo para a otimização de processos e redução de custos operacionais.

Tomada de Decisão Aprimorada:

A IA fornece insights valiosos por meio da análise de grandes conjuntos de dados, facilitando a tomada de decisões informadas e mais precisas em diversos setores.

Personalização de Experiência:

Em setores como varejo, entretenimento e serviços online, a IA é utilizada para personalizar experiências, oferecendo recomendações e conteúdo adaptado às preferências individuais dos usuários.

Inovação e Avanço Tecnológico:

A IA impulsiona a inovação ao oferecer soluções para desafios complexos, contribuindo para o desenvolvimento de tecnologias avançadas, como veículos autônomos, robôs e assistentes virtuais.

Diagnósticos Médicos Precisos:

Em medicina, a IA é utilizada para análise de imagens médicas, diagnósticos mais precisos e desenvolvimento de tratamentos personalizados.

Segurança e Prevenção:

Na área de segurança, a IA é empregada para análise de padrões, prevenção de fraudes e detecção de ameaças, melhorando a segurança em diversos contextos.

Eficiência Energética:

Em setores como energia e manufatura, a IA é aplicada para otimizar o consumo de energia, programar manutenções preditivas e melhorar a eficiência dos processos.

Assistentes Virtuais e Interfaces de Voz:

A IA impulsiona o desenvolvimento de assistentes virtuais e interfaces de voz, proporcionando interações mais naturais e intuitivas entre humanos e máquinas.

Acesso a Informações e Educação:

Sistemas de IA facilitam o acesso a informações e recursos educacionais, personalizando o aprendizado e fornecendo suporte em diversas áreas do conhecimento.

Inclusão e Acessibilidade:

Tecnologias baseadas em IA podem melhorar a acessibilidade para pessoas com deficiências, oferecendo soluções inovadoras, como sistemas de leitura de texto para deficientes visuais.

Desenvolvimento Sustentável:

A IA é aplicada em iniciativas de desenvolvimento sustentável, contribuindo para a eficiência energética, gerenciamento de recursos naturais e enfrentamento de desafios ambientais.

Análise Preditiva e Previsões:

A IA é capaz de analisar dados históricos para fazer previsões futuras, sendo aplicada em diversas áreas, como finanças, meteorologia e planejamento de demanda.

Esses benefícios destacam o potencial transformador da IA em vários setores, promovendo eficiência, inovação e melhorias significativas na qualidade de vida. No entanto, é importante abordar desafios éticos e sociais para garantir que a IA seja desenvolvida e aplicada de maneira responsável e inclusiva.

1.11 Diferença entre IA e ChatGPT

A diferença entre Inteligência Artificial (IA) e ChatGPT reside no escopo e na aplicação específica.

Inteligência Artificial (IA):

IA é um campo amplo da ciência da computação que visa desenvolver sistemas e tecnologias capazes de realizar tarefas que normalmente exigiriam inteligência humana.

Inclui uma variedade de subcampos, como aprendizado de máquina, processamento de linguagem natural, visão computacional, robótica, entre outros.

A IA abrange desde algoritmos simples de tomada de decisão até sistemas complexos de aprendizado profundo.

ChatGPT:

ChatGPT é uma implementação específica de um modelo de linguagem baseado em IA desenvolvido pela OpenAI, utilizando a arquitetura GPT (Generative Pre-trained Transformer). É um exemplo de aplicação prática de IA, focado na geração de texto natural e na capacidade de responder a uma variedade de consultas e solicitações de forma coerente e contextual.

ChatGPT é um modelo de linguagem treinado em grandes quantidades de dados textuais para entender e gerar texto em linguagem natural. Em resumo, a IA é o campo mais amplo que engloba diversas tecnologias e abordagens, enquanto ChatGPT é uma implementação específica de uma aplicação de IA voltada para geração de texto e conversação natural. O ChatGPT é uma manifestação específica da IA representando a aplicação prática de técnicas de aprendizado de máquina em um contexto de conversação.

1.12 Atuação da IA nas nuvens

A atuação da Inteligência Artificial (IA) nas nuvens refere-se à integração de tecnologias de IA com serviços em nuvem. A computação em nuvem proporciona um ambiente escalável e flexível para processar grandes volumes de dados, enquanto a IA oferece a capacidade de analisar, aprender e tomar decisões com base nesses dados. Nesse contexto, a IA pode ser utilizada para otimizar e aprimorar diversas operações em ambientes de nuvem, tais como:

Processamento de Dados em Escala:

Algoritmos de IA podem processar grandes conjuntos de dados armazenados na nuvem, identificando padrões, correlações e insights valiosos.

Otimização de Recursos:

Sistemas de IA podem ser empregados para otimizar o uso de recursos na nuvem, ajustando automaticamente a capacidade de processamento de acordo com as demandas em tempo real.

Segurança da Informação:

A IA pode ser aplicada para detectar e prevenir ameaças de segurança em ambientes de nuvem, identificando padrões suspeitos e respondendo rapidamente a eventos adversos.

Assistência Virtual:

Assistentes virtuais baseados em IA podem melhorar a experiência do usuário ao fornecer suporte interativo em ambientes de nuvem, respondendo a consultas, automatizando tarefas rotineiras e oferecendo insights personalizados.

Aprendizado de Máquina na Nuvem:

Plataformas de aprendizado de máquina na nuvem permitem o treinamento e a implementação de modelos de IA em larga escala, facilitando a criação de soluções personalizadas. A combinação da IA e da computação em nuvem oferece uma gama de possibilidades para melhorar a eficiência, segurança e usabilidade em diversos setores, proporcionando soluções avançadas e escaláveis para desafios complexos.

1.13 IA como serviço

A Inteligência Artificial (IA) como meio de serviço refere-se à oferta de soluções e funcionalidades baseadas em IA como serviços para usuários ou empresas. Esses serviços geralmente são disponibilizados por meio de plataformas em nuvem e permitem que os usuários acessem recursos de IA sem a necessidade de desenvolver suas próprias capacidades internas. Aqui estão alguns aspectos importantes sobre a IA como serviço (IAaaS):

Plataformas de IA na Nuvem:

Empresas de tecnologia oferecem plataformas na nuvem que disponibilizam recursos de IA, como APIs, ferramentas de desenvolvimento e ambientes de treinamento de modelos.

Acesso a Recursos Avançados:

Através da IA como serviço, organizações podem utilizar algoritmos avançados de aprendizado de máquina, processamento de linguagem natural, visão computacional e outros recursos, mesmo que não possuam especialistas internos em IA.

Facilidade de Implementação:

Os serviços de IA são projetados para serem facilmente integrados em aplicativos, sites ou sistemas existentes, permitindo uma implementação mais rápida e eficiente.

Escalabilidade:

Empresas podem escalar seus recursos de IA conforme necessário, pagando apenas pelos serviços utilizados. Isso proporciona flexibilidade e evita investimentos significativos em infraestrutura.

Soluções Específicas:

As IA´s podem oferecer soluções específicas para diferentes setores, como saúde, finanças, varejo e manufatura, adaptando-se às necessidades e exigências de cada domínio.

Atualizações Contínuas:

Fornecedores de IAaaS geralmente atualizam regularmente seus serviços, incorporando avanços tecnológicos e aprimorando a eficiência dos algoritmos, garantindo que os usuários tenham acesso às últimas inovações.

Foco no Valor de Negócio:

Ao utilizar IA como serviço, empresas podem concentrar seus esforços no desenvolvimento e aprimoramento de seus produtos e serviços principais, deixando as complexidades da IA nas mãos de especialistas.

Em resumo, a IA como serviço simplifica o acesso e a implementação de tecnologias de IA permitindo que organizações de diferentes tamanhos e setores aproveitem os benefícios dessa inovação sem a necessidade de grandes investimentos iniciais ou expertise avançada em IA.

Capítulo 2

IA na vida cotidiana

2.1 Aplicações da AI para a vida cotidiana.

A Inteligência Artificial (IA) tem impactado significativamente a vida cotidiana de diversas maneiras, proporcionando benefícios e transformando a forma como realizamos tarefas diárias. Aqui estão alguns dos principais pontos de destaque da presença da IA na vida cotidiana:

Assistentes Virtuais:

Assistentes de voz baseados em IA, como Siri, Google Assistant e Alexa, simplificam tarefas como fazer chamadas, enviar mensagens, definir lembretes e fornecer informações, tornando a interação com dispositivos mais intuitiva.

Recomendações Personalizadas:

Plataformas de streaming, comércio eletrônico e redes sociais utilizam algoritmos de IA para analisar o comportamento do usuário e oferecer recomendações personalizadas de filmes, músicas, produtos e conteúdo.

Reconhecimento Facial:

Sistemas de reconhecimento facial baseados em IA são usados em dispositivos móveis, câmeras de segurança e até mesmo em redes sociais para identificar e autenticar usuários, proporcionando maior segurança e conveniência.

Saúde e Diagnóstico:

A IA é aplicada em diagnósticos médicos, análise de imagens de exames e desenvolvimento de tratamentos personalizados, contribuindo para avanços na área da saúde e proporcionando cuidados mais precisos.

Carros Autônomos:

Tecnologias de IA desempenham um papel crucial em veículos autônomos, melhorando a segurança no trânsito e oferecendo uma experiência de direção mais eficiente.

Reconhecimento de Voz e Texto:

Aplicações de IA capacitam sistemas de reconhecimento de voz e texto, permitindo transcrição automática, comandos de voz em dispositivos e acessibilidade a pessoas com deficiência.

Automatização Residencial:

Sistemas residenciais inteligentes, impulsionados pela IA, permitem o controle automatizado de iluminação, temperatura, segurança e eletrodomésticos. Isso cria ambientes mais eficientes e personalizados, adaptados às preferências individuais.

Previsões Meteorológicas Precisas:

Modelos de IA aprimoram a precisão das previsões meteorológicas, fornecendo informações mais detalhadas e oportunas, o que é essencial para o planejamento de atividades diárias.

Gestão Financeira e Investimentos:

Plataformas de fintech que utilizam IA ajudam na gestão financeira pessoal, oferecem insights sobre investimentos e até mesmo automatizam decisões financeiras, proporcionando maior controle e eficiência.

Personalização na Indústria do Entretenimento:

Serviços de streaming de música, vídeo e jogos usam algoritmos de IA para entender as preferências dos usuários, sugerindo conteúdo mais relevante e personalizado, melhorando a experiência de entretenimento.

Aprimoramento da Produção Agrícola:

A agricultura de precisão, impulsionada por sistemas de IA, contribui para a otimização do uso de recursos, melhorando a produtividade e reduzindo o impacto ambiental.

Colaboração e Comunicação Eficientes:

Ferramentas de colaboração online, como tradutores em tempo real e assistentes virtuais em reuniões, facilitam a comunicação global, superando barreiras linguísticas e promovendo uma colaboração mais eficaz.

Análise de Sentimento:

Empresas monitoram redes sociais e feedbacks online usando IA para entender o sentimento do público em relação a produtos, serviços ou eventos.

Jogos Eletrônicos:

IA é amplamente usada em jogos para criar personagens não-jogáveis mais realistas, ajustar a dificuldade do jogo com base no desempenho do jogador e melhorar a experiência geral do usuário.

Detecção de Fraudes:

Sistemas de IA são empregados para analisar padrões de comportamento e identificar transações suspeitas, ajudando a prevenir fraudes em transações financeiras.

Manutenção Preditiva:

Em aviação, como sua área de especialização, a IA é usada para prever falhas em componentes de aeronaves, permitindo uma manutenção mais eficiente e reduzindo o tempo de inatividade.

Plataformas de Streaming Personalizadas:

Ao utilizar serviços de streaming, deixe que algoritmos de IA recomendem músicas, filmes ou séries personalizadas com base em suas preferências anteriores.

Aplicações de Fitness:

Utilize aplicativos que usam IA para rastrear seus hábitos de saúde, sugerir rotinas de exercícios personalizadas e monitorar dados vitais.

Chatbots para Atendimento ao Cliente:

Em interações online, aproveite Chatbots baseados em IA para obter respostas rápidas a perguntas comuns ou resolver problemas simples.

Ferramentas de Edição de Imagens:

Explore aplicativos que utilizam IA para aprimorar automaticamente suas fotos, ajustando cores, nitidez e outros elementos para obter resultados mais profissionais.

Ferramentas de Análise de Dados:

Se estiver envolvido em áreas como energia renovável, use ferramentas de análise de dados com IA para otimizar o desempenho de sistemas e identificar oportunidades de melhoria.

Esses exemplos destacam como a presença da Inteligência Artificial permeia diversos aspectos da vida cotidiana, proporcionando melhorias significativas em eficiência, personalização e acesso a informações, transformando a maneira como interagimos com o mundo ao nosso redor.

2.2 A IA e a blockchain podem trabalhar juntas?

A integração entre inteligência artificial (IA) e tecnologia blockchain pode proporcionar benefícios significativos em diversas áreas. Aqui estão algumas maneiras de como essas duas tecnologias podem trabalhar em conjunto:

Contratos Inteligentes:

A tecnologia blockchain permite a criação de contratos inteligentes, que são programas autônomos que executam automaticamente termos e condições quando certas condições são atendidas. A IA pode ser utilizada para aprimorar a complexidade e a capacidade de análise desses contratos.

Segurança e Autenticação:

A IA pode ser empregada para aprimorar os mecanismos de segurança na blockchain, como a verificação biométrica ou análise de padrões comportamentais para autenticação mais robusta e proteção contra fraudes.

Rastreabilidade e Supply Chain:

A combinação de IA e blockchain pode melhorar a rastreabilidade em cadeias de fornecimento. A IA pode analisar dados complexos relacionados ao fornecimento, enquanto a blockchain garante a imutabilidade e transparência desses dados.

Validação de Transações:

A IA pode ser utilizada para verificar a autenticidade das transações na blockchain, identificando padrões suspeitos ou atividades fraudulentas de maneira mais eficiente do que métodos tradicionais.

Tokenização de Ativos e Inteligência de Mercado:

A tokenização de ativos na blockchain pode ser combinada com análises avançadas de mercado baseadas em IA. Isso permite uma compreensão mais profunda dos padrões de negociação e comportamento do mercado.

Mineração de Dados Descentralizada:

A blockchain pode facilitar a criação de redes de dados descentralizadas. A IA pode ser usada para minerar e analisar esses dados, gerando insights valiosos sem depender de uma única entidade central.

Privacidade e Controle de Dados:

A IA pode ser empregada para aprimorar as soluções de privacidade e controle de dados em sistemas blockchain, permitindo que os usuários tenham mais controle sobre quem acessa e utiliza suas informações.

Governança Autônoma:

A IA pode facilitar a governança autônoma em redes blockchain, ajudando na tomada de decisões descentralizada com base em análises preditivas e aprendizado de máquina.

Essas são apenas algumas maneiras de como a IA e a tecnologia blockchain podem colaborar.

Nota: Veja na Loja da Amazon o meu e-book sobre Arte Digital, Blockchain & NTF.

2.3 Ex. de AI/Blockchain em treinamento coorporativo

Implementar a tecnologia AI/Blockchain em uma escola corporativa para treinamento técnico especializado EAD, pode trazer benefícios significativos. Aqui estão alguns passos práticos que você pode considerar:

Identificação do uso da tecnologia:

Análise áreas específicas do treinamento técnico onde a tecnologia Blockchain e IA podem agregar valores, tais como: certificações, registros de conclusão de cursos, autenticação de habilidades, acesso instantâneo a informações, formação de plataforma de aprendizado on-line, entre outros. Considere os passo seguintes:

Escolha da Plataforma Blockchain:

Selecione uma plataforma de Blockchain adequada às necessidades da escola. Ethereum, Hyperledger e Binance Smart Chain são opções populares.

Desenvolvimento de Contratos Inteligentes:

Crie contratos inteligentes personalizados para registrar e validar informações relevantes, como conclusão de cursos, certificações e histórico acadêmico.

Integração com Sistemas Existentes:

Garanta a integração eficiente da tecnologia Blockchain/AI com os sistemas já em uso na escola, como plataformas de gestão de aprendizado (LMS) e bancos de dados.

Treinamento de Professores e Alunos:

Proporcione treinamento adequado para professores e alunos sobre como interagir com a nova tecnologia, entender os benefícios e utilizar os recursos oferecidos pela Blockchain e pela AI.

Garantia de Segurança e Privacidade:

Implemente medidas robustas de segurança para proteger os dados na Blockchain. Certifique-se de cumprir regulamentações de privacidade, especialmente quando lidando com informações acadêmicas sensíveis.

Plataformas de Aprendizado Online com AI:

Utilize plataformas de ensino que empregam IA para adaptar o conteúdo de acordo com suas habilidades e necessidades individuais, promovendo um aprendizado mais personalizado.

Acesso a Informações Instantâneas com uso de AI:

Assistência virtual baseada em IA, como motores de busca e Chatbots, possibilita o acesso instantâneo a informações sobre praticamente qualquer tópico, facilitando a pesquisa e a resolução de dúvidas.

Tradução Automática:

Aplicativos de tradução automática baseados em IA facilitam a comunicação em diferentes idiomas, tornando possível entender e interagir com pessoas de todo o mundo de maneira mais eficiente.

Pesquisa na Área Científica:

Cientistas utilizam algoritmos de IA para processar grandes conjuntos de dados e fazer descobertas em áreas complexas como: matemática, engenharia, genômica, química e física etc.

Filtros de Spam e Segurança Online:

Algoritmos de IA são empregados para detectar e filtrar e-mails indesejados, combater fraudes online e proteger contra ameaças cibernéticas, garantindo uma experiência mais segura na internet.

Testes Piloto:

Realize testes piloto para avaliar a eficácia da implementação. Obtenha feedback dos usuários e faça ajustes conforme necessário.

Manutenção Contínua:

Estabeleça um plano de manutenção para garantir a continuidade do sistema Blockchain/AI, realizando atualizações conforme necessário e adaptando-se às mudanças nas demandas educacionais. Plataformas educacionais que utilizam IA para personalizar o aprendizado, adaptando o conteúdo de acordo com o desempenho e as necessidades individuais dos alunos traz grandes vantagem sobre os sistemas convencionais. Lembrando que a tecnologia Blockchain/AI é uma ferramenta poderosa, mas sua implementação deve ser cuidadosamente planejada e adaptada às necessidades específicas da escola corporativa. A aplicação da IA na educação se expandirá, permitindo abordagens mais personalizadas de ensino, adaptação de currículos conforme as necessidades individuais e avaliações de desempenho mais precisas.

2.4 O futuro da IA

O futuro da Inteligência Artificial (IA) é promissor e repleto de avanços significativos em diversas áreas. Algumas tendências e expectativas para o futuro da IA incluem:

Aprimoramento da IA Generalizada:

Espera-se que a IA se torne mais generalizada e capaz de lidar com uma variedade maior de tarefas, aproximando-se de uma compreensão mais ampla e flexível, similar à inteligência humana.

Integração com a Internet das Coisas (IoT):

A IA será cada vez mais integrada com dispositivos IoT, possibilitando a coleta e análise inteligente de dados em tempo real, resultando em sistemas mais eficientes e adaptáveis.

Aumento da Autonomia em Sistemas Robóticos:

A IA desempenhará um papel fundamental no avanço da autonomia de robôs e sistemas autônomos, contribuindo para setores como manufatura, logística, saúde e exploração espacial.

Desenvolvimento de Modelos de IA Mais Éticos e Transparentes:

O foco na ética e transparência no desenvolvimento de modelos de IA será ampliado, visando garantir decisões justas, sem discriminação e compreensíveis para os usuários.

Avanços em Aprendizado de Máquina:

O aprendizado de máquina continuará a evoluir, com aprimoramentos em algoritmos e técnicas, possibilitando uma melhor compreensão de padrões complexos e o treinamento eficiente de modelos com conjuntos de dados menores.

IA Conversacional Mais Natural:

Espera-se que os sistemas de IA conversacional evoluam para compreender e gerar linguagem de forma mais natural, facilitando interações mais fluidas e humanas.

Inovações na Saúde:

A IA terá um papel crucial na descoberta de novos tratamentos, diagnósticos mais precisos e personalizados, além de melhorias na gestão de registros médicos e na pesquisa farmacêutica.

Aplicações em Energia Renovável e Sustentabilidade:

A IA será empregada para otimizar a geração e distribuição de energia renovável, contribuindo para práticas mais sustentáveis e eficientes.

Desenvolvimento de Sistemas de IA mais Resistentes e Seguros:

A segurança da IA se tornará uma prioridade, com esforços para desenvolver sistemas robustos, resistentes a ataques adversários e capazes de garantir a privacidade dos usuários.

Exploração de Inteligência Artificial Quântica:

Com o avanço da computação quântica, espera-se que a IA se beneficie de capacidades ainda mais poderosas, possibilitando o processamento de dados em escalas antes inimagináveis.

Avanços na Interpretação e Geração de Conteúdo Multimídia:

A IA será aprimorada para compreender e gerar conteúdo multimídia, como imagens, vídeos e áudio, resultando em ferramentas mais sofisticadas para criação e análise de mídia.

Evolução na Interação Homem-Máquina:

Interfaces de usuário impulsionadas por IA serão mais intuitivas e adaptáveis, permitindo interações mais naturais e eficazes, seja por meio de realidade aumentada, realidade virtual ou outras tecnologias emergentes.

Colaboração Aprofundada entre Humanos e IA:

A colaboração entre humanos e sistemas de IA se tornará mais integrada, com a IA atuando como parceira em tarefas complexas, complementando habilidades humanas e impulsionando a inovação.

Estratégias Avançadas de Tomada de Decisão Empresarial:

Empresas utilizarão IA para análise preditiva e estratégias avançadas de tomada de decisão, otimizando operações, identificando oportunidades de mercado e antecipando tendências.

Expansão da Robótica Social:

Robôs sociais, impulsionados por IA, terão uma presença mais significativa em ambientes sociais, assistindo idosos, auxiliando em terapias e promovendo interações sociais.

IA na Pesquisa Científica:

A IA será uma ferramenta valiosa na pesquisa científica, acelerando a análise de dados, identificação de padrões em experimentos e contribuindo para avanços em diversas disciplinas.

Desenvolvimento de Sistemas de Recomendação Mais Avançados:

Algoritmos de recomendação serão aprimorados, proporcionando sugestões ainda mais precisas em áreas como entretenimento, compras online e descoberta de conteúdo.

A IA como Ferramenta Criativa:

A IA será cada vez mais utilizada como ferramenta criativa, gerando arte, música, design e conteúdo inovador, ampliando os horizontes da expressão humana.

Reflexão Contínua sobre Ética e Responsabilidade:

A discussão sobre ética na IA continuará a ser crucial, com um foco crescente na responsabilidade, transparência e equidade, assegurando que os benefícios da IA sejam distribuídos de maneira justa e ética.

Estas projeções representam apenas algumas das muitas possibilidades emocionantes que o futuro reserva para a Inteligência Artificial. O caminho à frente promete uma evolução constante, moldando o modo como interagimos com a tecnologia e impulsionando inovações transformadoras em diversos setores.

2.5 A IA x China

A relação entre inteligência artificial (IA) e tecnologia chinesa tem sido notável nos últimos anos, com a China buscando ativamente liderança e inovação nesse campo. Aqui estão alguns aspectos importantes dessa interação:

Investimentos Maciços:

A China tem feito investimentos significativos em pesquisa e desenvolvimento de inteligência artificial. Empresas de tecnologia chinesas, como Baidu, Alibaba e Tencent, têm liderado esforços para impulsionar a inovação nesse setor.

Estratégia Nacional:

A inteligência artificial é uma parte central da estratégia de desenvolvimento da China, com o governo estabelecendo metas ambiciosas para se tornar líder global em IA até determinados anos, como parte do plano "Made in China 2025".

Aplicações Práticas:

A IA chinesa é aplicada em várias áreas, desde reconhecimento facial e processamento de linguagem natural até sistemas de vigilância, saúde e educação. O uso extensivo dessas tecnologias é evidente em cidades inteligentes e em iniciativas como os sistemas de crédito social.

Competição Global:

Empresas chinesas competem globalmente em termos de inovação em inteligência artificial. Elas buscam parcerias internacionais, adquirindo startups e participando de projetos colaborativos para acelerar o desenvolvimento de tecnologias avançadas.

Desafios Éticos e de Privacidade:

O rápido avanço da inteligência artificial na China levanta preocupações éticas e de privacidade, especialmente no que diz respeito à utilização em sistemas de vigilância e monitoramento em larga escala.

Educação e Pesquisa:

A China tem investido em programas educacionais e pesquisa em IA para desenvolver talentos locais nesse campo. Universidades chinesas têm se destacado em publicações e pesquisas relacionadas à inteligência artificial.

5G e Internet das Coisas (IoT):

A implantação da tecnologia 5G e o desenvolvimento da Internet das Coisas (IoT) são fundamentais para o avanço da IA. A China tem investido nessas infraestruturas para criar um ambiente propício ao crescimento da inteligência artificial.

Regulação e Supervisão:

O governo chinês tem implementado medidas para regulamentar o uso da inteligência artificial, buscando equilibrar o desenvolvimento tecnológico com preocupações éticas e de segurança.

Cooperação Internacional:

Apesar das tensões geopolíticas, empresas chinesas têm buscado cooperação internacional em projetos de pesquisa e desenvolvimento, promovendo a troca de conhecimento e tecnologia.

A China emergiu como um player significativo na cena global de inteligência artificial, com uma abordagem abrangente que engloba pesquisa, investimentos, aplicação prática e regulamentação. Isso tem impacto não apenas na paisagem tecnológica chinesa, mas também nas dinâmicas globais da IA.

2.6 Usando a IA para ajudar a minha empesa

Foco nas Metas de Negócios:

Ao implementar tecnologias como IA, é essencial direcionar os esforços para resolver problemas reais nos negócios. Evite a armadilha de simplesmente adotar uma "estratégia de IA" sem alinhá-la às metas específicas relacionadas às principais tarefas funcionais da organização.

Compreensão do Cenário e Sistemas Disponíveis:

Esteja atento ao cenário tecnológico, mas vá além ao fazer uma análise abrangente da extensão e amplitude dos sistemas disponíveis. Reconheça que a maioria dos sistemas desempenha apenas uma parte das operações e evite sobrecarregá-los com tarefas para as quais não são adequados.

Enfoque nos Dados:

Os dados são fundamentais para qualquer iniciativa de IA. Concentre-se em compreender e otimizar seus conjuntos de dados, pois nenhum sistema pode gerar insights além do que é fornecido. O sucesso da inteligência artificial está intrinsecamente ligado à qualidade e relevância dos dados utilizados.

Conhecimento dos Sistemas:

Adquira um entendimento profundo sobre o funcionamento dos sistemas de IA, pelo menos compreendendo a intuição central por trás deles. Não permita que a complexidade seja um obstáculo, e questione sempre para entender como um sistema opera e como ele se aplica aos seus objetivos.

Distinção entre Aprendizado de Máquina e Raciocínio:

Evite confusões entre aprendizado de máquina e outras formas de raciocínio. Ao ser informado de que um sistema utiliza aprendizado de máquina, questione sobre o que ele está aprendendo e como aplica as informações adquiridas. Compreender essas nuances é essencial para uma implementação eficaz.

Equilíbrio entre Profundidade e Amplitude:

Reconheça a relação entre profundidade e amplitude nos sistemas de IA. Um sistema amplo pode ser superficial, portanto, compreenda que a abrangência de compreensão está vinculada à profundidade. Se um sistema abrange amplamente, sua compreensão pode ser limitada em profundidade.

Integração no Fluxo de Trabalho e Usuários:

Antes da implementação, compreenda como o sistema de IA se integrará ao seu fluxo de trabalho. Identifique quem será responsável pela configuração e quem interagirá com as saídas do sistema. Garanta que a implementação seja transparente e eficiente.

Consciência da Parceria Humano-Computador:

Reconheça que a implementação de IA envolve uma parceria com a informática. Seja consciente da imperfeição dos sistemas de IA e mantenha a flexibilidade para lidar com desafios. Esteja preparado para questionar as respostas do sistema e buscar aprimoramentos contínuos.

Comunicação Eficaz do Sistema:

Considere como o sistema se comunicará, tanto internamente quanto externamente. Além das respostas, busque explicações que permitam uma avaliação clara dos resultados. A comunicação eficaz é crucial para entender o pensamento do sistema inteligente.

Transparência e Entendimento:

Não hesite em admitir quando não compreende completamente como um sistema opera. Colabore com fornecedores, equipe de TI e cientistas de dados para garantir transparência e entendimento em relação ao funcionamento dos sistemas de IA.

Capítulo 3

A IA e a Robótica

3.1 Introdução

A convergência entre a inteligência artificial (IA) e a robótica representa um marco significativo na evolução tecnológica, desencadeando avanços extraordinários em diversas áreas. A interação sinérgica entre sistemas robóticos e IA tem redefinido paradigmas, resultando em robôs mais autônomos, adaptativos e capazes de realizar tarefas complexas de maneira eficiente.

Neste contexto, a IA atua como a espinha dorsal cognitiva, capacitando os robôs a assimilarem informações do ambiente, tomar decisões em tempo real e aprender com experiências passadas. Esta simbiose entre IA e robótica não apenas impulsiona a automação industrial, mas também transcende para aplicações como a medicina, exploração espacial, assistência domiciliar e muito mais.

Vamos explorar como essa fusão revolucionária está moldando o presente e o futuro da robótica, proporcionando uma nova dimensão de possibilidades e eficiência operacional.

3.2 A evolução da robótica

A evolução da tecnologia robótica é um fascinante percurso que abrange várias décadas, marcado por avanços significativos em diferentes áreas. Aqui está uma visão geral da evolução da tecnologia robótica:

Década de 1950:

O termo "robô" foi cunhado pelo escritor de ficção científica Isaac Asimov. Nessa época, os primeiros dispositivos mecânicos programáveis começaram a surgir.

Década de 1960:

O Unimate, fabricado pela Unimation e instalado em 1961, foi o primeiro robô industrial utilizado em uma linha de produção, marcando o início da automação industrial.

Década de 1970:

Avanços em sensores e programação permitiram a introdução de robôs mais versáteis e precisos em ambientes de fabricação.

Década de 1980:

Os robôs começaram a ser utilizados em cirurgias, com o advento da cirurgia robótica. O PUMA, um braço robótico amplamente utilizado, foi introduzido nessa década.

Década de 1990:

Desenvolvimentos em inteligência artificial e visão computacional permitiram avanços significativos na capacidade dos robôs para interagir e compreender o ambiente.

Início dos anos 2000:

Robôs sociais começaram a ganhar destaque, explorando a interação entre humanos e máquinas em contextos sociais, educacionais e terapêuticos.

Década de 2010:

Aumento da colaboração homem-robô, com robôs sendo integrados em ambientes de trabalho para tarefas colaborativas com humanos.

Década de 2020

Crescimento da robótica autônoma, com veículos autônomos e drones usando tecnologias robóticas para navegação e operações sem intervenção humana constante. Avanços contínuos em inteligência artificial, aprendizado de máquina e processamento de dados têm contribuído para aprimorar as capacidades de percepção, tomada de decisões e interação dos robôs.

Aplicações mais amplas de robótica em setores como: transporte, saúde, agricultura, logística e serviços têm sido exploradas, impulsionando a inovação em várias áreas. A evolução da tecnologia robótica tem sido impulsionada por uma combinação de avanços em eletrônica, software, materiais e inteligência artificial. À medida que a tecnologia continua a progredir, espera-se que os robôs desempenhem um papel cada vez mais significativo em várias facetas de nossa vida e indústrias.

3.3 Importância da tecnologia IA na robótica

A importância da tecnologia de inteligência artificial (IA) na robótica é vasta e fundamental, impulsionando avanços significativos e transformando a forma como os robôs interagem com o mundo. Algumas das principais razões que destacam a importância da IA na robótica incluem:

Autonomia Aprimorada:

A IA capacita os robôs a operarem de forma autônoma, tomando decisões com base em dados do ambiente. Isso permite que os robôs se adaptem a situações dinâmicas e realizem tarefas complexas sem intervenção humana constante.

Aprendizado Contínuo:

Sistemas de aprendizado de máquina e técnicas de IA possibilitam que os robôs aprendam com experiências passadas. Isso significa que eles podem melhorar seu desempenho ao longo do tempo, otimizando suas operações e se adaptando a novos cenários.

Interatividade Mais Natural:

A IA permite que os robôs compreendam e respondam a comandos humanos de maneira mais natural. Sistemas de processamento de linguagem natural e reconhecimento de voz permitem interações mais intuitivas entre humanos e robôs.

Visão Computacional Avançada:

A IA desempenha um papel crucial na visão computacional dos robôs, permitindo que interpretem e compreendam imagens e vídeos. Isso é essencial para a navegação autônoma, reconhecimento de objetos e execução de tarefas específicas.

Otimização de Tarefas:

Algoritmos de otimização baseados em IA podem ser aplicados para melhorar a eficiência na execução de tarefas. Os robôs podem ser programados para otimizar processos, reduzir tempo de ciclo e minimizar erros.

Adaptação a Ambientes Variáveis:

Graças à IA, os robôs podem se adaptar a ambientes dinâmicos e imprevisíveis. Eles podem ajustar suas ações com base em mudanças nas condições ambientais, garantindo uma operação mais flexível e eficaz.

Aplicações em Diversos Setores:

A presença da IA na robótica se estende por diversos setores, incluindo manufatura, saúde, logística, agricultura, exploração espacial e muito mais. Isso destaca a versatilidade e a amplitude de aplicação dessa tecnologia.

Melhoria na Segurança:

A IA contribui para a segurança na interação entre robôs e seres humanos. Algoritmos avançados permitem que os robôs identifiquem e evitem obstáculos, reduzindo riscos de acidentes.

A combinação da IA com a robótica não apenas aumenta a eficiência operacional, mas também amplia as possibilidades de inovação em diversos campos, impactando positivamente a maneira como interagimos com a tecnologia. Essa interseção entre IA e robótica é essencial para impulsionar avanços significativos em direção a um futuro mais automatizado e inteligente.

3.4 Uso da robótica em diversos setores

A tecnologia robótica tem uma presença significativa em diversos setores, proporcionando eficiência, precisão e automação a uma variedade de tarefas. Aqui estão alguns exemplos de usos da tecnologia robótica em setores diversos:

Manufatura:

Robôs industriais são amplamente utilizados na linha de produção para realizar tarefas repetitivas, como soldagem, montagem, pintura e embalagem. Isso aumenta a eficiência e reduz os erros.

Saúde:

Robôs cirúrgicos auxiliam cirurgiões em procedimentos delicados, proporcionando precisão e controle aprimorados. Além disso, robôs são empregados em hospitais para entregas internas, desinfecção de ambientes e apoio a terapias de reabilitação.

Robôs de telepresença são empregados para permitir consultas médicas à distância e monitoramento remoto de pacientes.

Logística e Armazenamento:

Robôs autônomos são usados em armazéns para realizar tarefas de PICKING e PACKING, acelerando o processo de preparação de pedidos. Drones também são explorados para a entrega de produtos em locais de difícil acesso.

Agricultura:

Robôs agrícolas realizam tarefas como plantio, colheita, pulverização de culturas e monitoramento de condições do solo. Isso aumenta a eficiência e a produtividade no setor agrícola.

Construção:

Robôs são empregados na construção para realizar tarefas perigosas ou monótonas, como demolição controlada, soldagem e colocação de tijolos.

Exploração Espacial:

Robôs são essenciais na exploração espacial, realizando tarefas como coleta de dados, manutenção de equipamentos e até mesmo a busca por sinais de vida em planetas distantes.

Robôs educacionais são utilizados para ensinar programação e conceitos STEM (ciência, tecnologia, engenharia e matemática) a estudantes.

Sistemas de tutoria baseados em robôs podem oferecer suporte personalizado no aprendizado.

Educação:

Robôs são utilizados como ferramentas educacionais para ensinar programação e lógica de codificação a crianças e adultos. Eles podem proporcionar uma abordagem prática e interativa ao aprendizado STEM (Ciência, Tecnologia, Engenharia e Matemática).

Serviços:

Robôs de atendimento ao cliente estão sendo introduzidos em setores como hotéis e restaurantes, realizando tarefas como check-in, entrega de alimentos e limpeza.

Manufatura e Indústria:

Robôs industriais são amplamente utilizados em linhas de produção para realizar tarefas repetitivas, como montagem e soldagem.

Sistemas de automação robótica otimizam processos de fabricação, aumentando a produtividade e reduzindo erros.

Agricultura:

Drones equipados com tecnologia robótica são usados para monitorar cultivos, otimizar o uso de água e aplicar fertilizantes de forma precisa.

Robôs agrícolas realizam tarefas como colheita e plantio, aumentando a eficiência nas operações agrícolas.

Logística e Armazenamento:

Veículos autônomos guiados por robôs (AGVs) movimentam mercadorias em armazéns, otimizando a logística e reduzindo tempos de espera.

Sistemas de PICKING automatizado, como robôs de PICKING e esteiras automatizadas, são utilizados para preparar pedidos em centros de distribuição.

Construção Civil:

Impressoras 3D robóticas são empregadas na construção de estruturas, possibilitando a criação rápida e eficiente de componentes arquitetônicos.

Robôs de demolição podem ser usados para remover estruturas de maneira controlada e segura.

Exploração Espacial:

Robôs exploradores são enviados para explorar ambientes extraterrestres, coletando dados e realizando experimentos em locais de difícil acesso para humanos.

Sistemas autônomos de navegação são empregados em ROVERS espaciais para garantir sua autonomia durante missões.

Serviços Domésticos:

Aspiradores robóticos e robôs de limpeza automatizam tarefas domésticas, como limpeza de pisos.

Sistemas de assistência robótica podem oferecer suporte a idosos ou pessoas com mobilidade reduzida em tarefas diárias.

Esses exemplos destacam como a tecnologia robótica está se integrando de maneira diversificada em vários setores, proporcionando soluções inovadoras, aumentando a eficiência e melhorando a qualidade de vida em diversas áreas da sociedade.

3.5 Recursos da tecnologia I.A.

A tecnologia de inteligência artificial (IA) é vasta e engloba uma variedade de recursos que impulsionam suas aplicações e funcionalidades. Aqui estão alguns dos principais recursos da tecnologia IA:

Aprendizado de Máquina (Machine Learning):

Permite que sistemas de IA aprendam padrões a partir de dados, ajustando seus algoritmos para melhorar o desempenho ao longo do tempo.

Processamento de Linguagem Natural (PLN):

Capacidade de entender, interpretar e gerar linguagem humana de maneira natural, permitindo interações mais intuitivas entre humanos e sistemas de IA.

Visão Computacional:

Permite que máquinas interpretem e compreendam informações visuais, incluindo reconhecimento de objetos, faces e interpretação de cenas.

Processamento de Voz:

Reconhecimento de voz e geração de respostas em linguagem natural, facilitando a interação por meio de comandos de voz.

Raciocínio Lógico e Tomada de Decisões:

Capacidade de analisar informações, identificar padrões e tomar decisões com base em dados, muitas vezes utilizando algoritmos complexos.

Redes Neurais Artificiais:

Modelos computacionais inspirados na estrutura e funcionamento do cérebro humano, usados em aprendizado profundo para tarefas complexas como reconhecimento de padrões.

Algoritmos de Otimização:

Utilizados para otimizar processos e encontrar soluções mais eficientes para problemas complexos, como roteamento, programação e alocação de recursos.

Reconhecimento de Padrões:

Capacidade de identificar e interpretar padrões em grandes conjuntos de dados, sendo fundamental para diversas aplicações, como diagnóstico médico e análise de dados.

Algoritmos de Recomendação:

Utilizados para prever preferências e fornece sugestões personalizadas, como em plataformas de streaming, comércio eletrônico e redes sociais.

Robótica Autônoma:

Aplicações de IA em robótica para permitir que máquinas realizem tarefas de forma autônoma, adaptando-se ao ambiente e tomando decisões em tempo real.

Processamento Paralelo:

Capacidade de realizar várias tarefas simultaneamente, acelerando o processamento de grandes volumes de dados.

Interconexão com Big Data:

A IA pode lidar com grandes conjuntos de dados, permitindo análises mais abrangentes e identificação de tendências ou insights valiosos.

Modelagem Preditiva:

Capacidade de prever resultados futuros com base em padrões identificados em dados históricos, sendo aplicada em diversas áreas, como finanças, saúde e manufatura.

Esses recursos destacam a versatilidade da tecnologia de inteligência artificial e sua capacidade de transformar a maneira como abordamos problemas e interagimos com a informação em diversos setores.

3.6 Recursos da tecnologia I.A. na robótica

A tecnologia de inteligência artificial (IA) aplicada na robótica, é vasta e engloba uma variedade de recursos que impulsionam suas aplicações e funcionalidades. Esses recursos destacam a versatilidade da tecnologia de inteligência artificial e sua capacidade de transformar a maneira como os robôs trabalham e interagem com a informação em diversos setores da manufatura.

3.7 Principais componentes da tecnologia robótica

A tecnologia robótica é composta por diversos elementos que trabalham em conjunto para permitir o funcionamento eficiente dos robôs em diferentes aplicações. Aqui estão alguns dos principais componentes da tecnologia robótica:

Sensores:

Sensores de Visão: Câmeras e sistemas de visão computacional para capturar e processar informações visuais.

Sensores Táteis:

Detectam contato físico e pressão, permitindo que o robô interaja com objetos e ambientes.

Sensores de Proximidade:

Utilizados para evitar obstáculos e realizar navegação autônoma.

Atuadores/Motores:

Responsáveis por gerar movimento nas articulações e partes do robô.

Atuadores Lineares:

Utilizados para gerar movimento linear em determinadas partes do robô.

Servomotores:

Proporcionam controle preciso de posição e movimento.

Controladores:

Unidade de Controle Central: Processa informações dos sensores, executa algoritmos de controle e coordena os movimentos do robô.

Controladores de Movimento:

Responsáveis por gerenciar os motores e atuadores para garantir movimentos precisos.

Unidade de Potência:

Baterias ou Fontes de Energia: Fornecem a energia necessária para alimentar os motores e eletrônicos do robô.

Estrutura Mecânica:

Chassi e Articulações: Formam a estrutura física do robô, permitindo sua mobilidade e manipulação de objetos.

Exoesqueletos:

Em alguns casos, são usados para fornecer suporte estrutural ou aumentar a força do usuário em aplicações de exoesqueletos robóticos.

Software:

Sistema Operacional: Gerencia operações básicas do robô.

Algoritmos de Controle:

Instruções lógicas que governam o comportamento do robô.

Interface de Programação:

Permite que desenvolvedores criem e personalizem as funções do robô.

Interface Homem-Máquina (IHM):

Telas de Toque ou Painéis de Controle: Facilitam a interação entre humanos e robôs, permitindo programação, monitoramento e controle.

Comunicação:

Módulos de Comunicação: Facilitam a troca de informações entre robôs, outros dispositivos e sistemas de controle.

Módulos de Inteligência Artificial (IA):

Processadores de IA: Responsáveis por executar algoritmos de aprendizado de máquina e tomada de decisões baseadas em dados.

Redes de Sensores e Câmeras:

Redes de Sensores Distribuídas: Permitem que diferentes sensores troquem informações para uma compreensão mais abrangente do ambiente.

Câmeras 3D:

Utilizadas para mapeamento tridimensional e percepção espacial.

Esses componentes formam uma rede complexa e interconectada, permitindo que os robôs desempenhem uma variedade de tarefas em diferentes ambientes e setores. A integração eficiente desses elementos é essencial para o funcionamento bem-sucedido da tecnologia robótica.

3.8 Como funciona um robô?

O funcionamento de um robô pode variar significativamente dependendo de sua aplicação específica e complexidade. No entanto, vou fornecer uma visão geral sobre como um robô típico opera, abordando os aspectos fundamentais:

Sensores:

Os robôs começam a operar capturando informações sobre o ambiente ao seu redor. Sensores, como câmeras, sensores de proximidade, microfones e acelerômetros, são utilizados para coletar dados relevantes.

Processamento de Dados:

As informações coletadas pelos sensores são enviadas para a unidade de controle central do robô, geralmente um computador embarcado ou uma placa de controle. Aqui, os dados são processados e interpretados para que o robô possa entender o ambiente.

Tomada de Decisões:

Com base nas informações processadas, o robô toma decisões sobre como agir. Algoritmos de controle, muitas vezes baseados em lógica programada ou em técnicas de aprendizado de máquina, orientam o comportamento do robô em resposta ao ambiente.

Movimento e Atuação:

Os comandos resultantes das decisões são enviados para os atuadores, que podem ser motores ou outros dispositivos mecânicos. Esses atuadores convertem os sinais elétricos em movimento físico, permitindo que o robô execute tarefas específicas, como locomoção, manipulação de objetos ou interação com o ambiente.

Feedback e Ajuste:

Durante a execução das tarefas, o robô pode continuar a coletar dados sensoriais para fornecer feedback em tempo real. Isso permite que o robô ajuste suas ações conforme necessário, respondendo a mudanças no ambiente ou corrigindo eventuais erros.

Interface Homem-Máquina (IHM):

Em muitos casos, os robôs são equipados com interfaces que permitem a interação com humanos. Isso pode incluir telas de toque, botões ou outros dispositivos de controle que permitem aos operadores ou usuários fornecerem comandos ou monitorar o status do robô.

Comunicação:

Os robôs podem ser projetados para se comunicar entre si ou com sistemas externos. Isso é especialmente importante em ambientes colaborativos ou em operações onde a coordenação é necessária.

Alimentação de Energia:

Para manter suas operações, os robôs são alimentados por fontes de energia, como baterias ou cabos de alimentação.

Essa é uma visão geral simplificada do funcionamento de um robô. A complexidade e as características específicas variam conforme a aplicação, desde robôs industriais em linhas de produção até robôs autônomos em ambientes domésticos ou mesmo em exploração espacial. Cada tipo de robô é projetado com base em suas funções e requisitos específicos.

3.9 Diferença entre um robô e um Ciborgue

Um robô é uma máquina programável projetada para realizar tarefas específicas de forma autônoma ou controlada por humanos.

Os robôs podem ter diversas formas e tamanhos, desde robôs industriais em linhas de produção até robôs autônomos utilizados em exploração espacial.

Ciborgue

Um ciborgue, derivado de "organismo cibernético", refere-se a um ser que combina elementos biológicos (geralmente humanos) com componentes tecnológicos.

Os ciborgues podem ter partes do corpo substituídas por próteses ou implantes eletrônicos, buscando melhorar suas capacidades ou compensar deficiências.

A ideia de ciborgues muitas vezes envolve uma fusão entre organismos vivos e tecnologia, como implantes neurais ou membros protéticos controlados por interfaces cérebro-máquina.

Em resumo, enquanto um robô é uma máquina autônoma ou controlada por humanos que realiza tarefas programadas, um ciborgue é um ser que combina elementos biológicos com tecnológicos, buscando aprimorar ou modificar as capacidades humanas. A distinção está na presença de componentes biológicos no caso dos ciborgues, enquanto os robôs são predominantemente máquinas mecânicas ou eletrônicas.

3.10 Diferença: robô x máquina convencional

A diferença entre um robô e uma máquina mecânica convencional geralmente está associada à autonomia, programabilidade e capacidade de interação com o ambiente. Vamos explorar esses pontos:

Autonomia e Programabilidade:

Robô:

Os robôs são caracterizados por sua capacidade de operar de forma autônoma, ou seja, podem executar tarefas sem intervenção humana direta. Os robôs podem ser programados para realizar uma variedade de tarefas complexas e adaptar seu comportamento com base em informações sensoriais do ambiente.

Máquina Mecânica Convencional:

Máquinas mecânicas convencionais geralmente operam de acordo com uma lógica fixa ou são controladas manualmente por humanos.

Elas não possuem a capacidade de adaptar seu comportamento ou tomar decisões autônomas com base em informações sensoriais.

Interação com o Ambiente:

Robô:

Os robôs são frequentemente equipados com sensores que permitem a percepção do ambiente. Eles podem interagir dinamicamente com o ambiente, respondendo a mudanças e realizando tarefas complexas.

Exemplos incluem robôs industriais que podem manipular objetos em uma linha de produção ou robôs autônomos que navegam em ambientes desconhecidos.

Máquina Mecânica Convencional:

Máquinas mecânicas convencionais podem realizar tarefas específicas, mas sua capacidade de adaptação a mudanças no ambiente é limitada.

Geralmente, são projetadas para executar operações repetitivas e pré-determinadas.

Versatilidade e Flexibilidade:

Robô:

Os robôs são projetados para serem versáteis e flexíveis em suas operações. Eles podem ser reprogramados para realizar diferentes tarefas e se adaptar a novos contextos.

A versatilidade dos robôs permite sua aplicação em uma variedade de setores, desde manufatura até serviços e exploração espacial.

Máquina Mecânica Convencional:

Máquinas convencionais são frequentemente especializadas em uma função específica e podem exigir reconfiguração significativa para alterar seu propósito.

Em resumo, enquanto uma máquina mecânica convencional é frequentemente especializada em uma função específica e operada de maneira controlada, um robô é caracterizado por sua autonomia, capacidade de programação e interação dinâmica com o ambiente, o que o torna mais versátil em diversas aplicações.

3.10 Usando robô como unidade de serviço

Uma "unidade de serviço" pode referir-se a uma abordagem em que um robô é considerado como uma entidade que presta serviços específicos em uma determinada capacidade. Vamos explorar essa ideia:

Definição da Unidade de Serviço:

Uma unidade de serviço em um contexto robótico pode ser concebida como uma entidade autônoma ou controlada por humanos, projetada para oferecer serviços específicos.

Capacidades Específicas:

A unidade de serviço robótica é caracterizada por suas capacidades específicas, que podem incluir habilidades como manipulação de objetos, navegação autônoma, interação com humanos, ou execução de tarefas especializadas.

Adaptação a Diferentes Funções:

A flexibilidade é uma característica chave da unidade de serviço robótica. Ela pode ser adaptada e reprogramada para realizar diferentes funções ou serviços conforme necessário.

Interação com o Ambiente:

A unidade de serviço robótica pode ser equipada com sensores que possibilitam a interação dinâmica com o ambiente. Esses sensores permitem que o robô perceba e responda a mudanças nas condições ao seu redor.

Controle Autônomo ou Controlado por Humanos:

Dependendo da aplicação, a unidade de serviço robótica pode operar de forma autônoma, tomando decisões com base em sua programação e percepções, ou pode ser controlada por humanos para tarefas mais diretas.

Versatilidade em Aplicações:

Uma unidade de serviço robótica pode ser versátil em suas aplicações, sendo projetada para atender a uma variedade de necessidades em diferentes setores, como manufatura, saúde, logística, serviços e muito mais.

Atualizações e Melhorias:

A unidade de serviço robótica pode ser sujeita a atualizações e melhorias contínuas, seja através de atualizações de software para aprimorar suas capacidades ou por meio da incorporação de hardware adicional para expandir suas funcionalidades.

Integração com Tecnologias Emergentes:

Conforme as tecnologias emergentes, como inteligência artificial e aprendizado de máquina, evoluem, a unidade de serviço robótica pode se beneficiar dessas inovações para aprimorar sua eficiência e desempenho.

Em suma, uma unidade de serviço robótica é concebida como uma entidade versátil, adaptável e capaz de oferecer serviços específicos em diversas áreas. Essa abordagem destaca a aplicabilidade e flexibilidade dos robôs como soluções autônomas ou controladas por humanos para uma variedade de finalidades.

3.11 Benefícios da tecnologia robótica

A tecnologia robótica oferece uma variedade de benefícios significativos para o ser humano em diversas áreas da vida. Aqui estão alguns dos principais benefícios:

Automatização de Tarefas Repetitivas:

Os robôs são eficientes na execução de tarefas monótonas e repetitivas, liberando os seres humanos para se concentrarem em atividades mais complexas e criativas.

Melhoria da Eficiência Industrial:

Na indústria, robôs são utilizados para otimizar processos, aumentar a produção e reduzir erros. Isso resulta em cadeias de produção mais eficientes e custos operacionais reduzidos.

Segurança em Ambientes Perigosos:

Robôs podem ser empregados em ambientes perigosos ou de alto risco, como inspeções em instalações nucleares, operações de resgate em áreas de desastre ou exploração em locais inóspitos.

Assistência na Saúde:

Robôs são usados em cirurgias assistidas, proporcionando precisão e minimizando invasividade. Além disso, robôs de telepresença facilitam consultas médicas à distância, conectando pacientes a profissionais de saúde.

Aumento da Qualidade de Vida:

Em setores como cuidados a idosos e pessoas com mobilidade reduzida, robôs de assistência podem oferecer suporte em tarefas diárias, promovendo maior independência e qualidade de vida.

Inovação em Pesquisa e Exploração:

Robôs são cruciais em explorações espaciais, submarinas e em ambientes inexplorados. Eles permitem coleta de dados em locais de difícil acesso, ampliando nosso entendimento e capacidades de exploração.

Educação e Treinamento:

Robôs educacionais são utilizados para ensinar programação, conceitos de STEM e habilidades práticas a estudantes. Além disso, simuladores robóticos são empregados no treinamento de profissionais em diversas áreas.

Aumento da Produtividade Agrícola:

Na agricultura, robôs são empregados para monitorar e otimizar o cultivo, realizar tarefas como colheita e plantio, e contribuir para a eficiência operacional.

Inclusão Social:

Robôs sociais, como companheiros para idosos ou auxiliares em terapias, podem promover a inclusão social, proporcionando interações e apoio emocional.

Avanços na Inteligência Artificial:

O desenvolvimento de robôs impulsiona avanços na inteligência artificial, contribuindo para a compreensão e replicação de funções cognitivas humanas.

Desenvolvimento de Tecnologias Emergentes:

A tecnologia robótica impulsiona o desenvolvimento de tecnologias emergentes, como veículos autônomos, drones e sistemas de automação, que impactam positivamente vários setores.

Soluções de Logística e Entrega:

Robôs autônomos e drones são explorados para otimizar operações logísticas e entregas, aumentando a eficiência e reduzindo os prazos de entrega.

Ao considerar esses benefícios, é evidente que a tecnologia robótica desempenha um papel crucial na melhoria da qualidade de vida, na segurança e na eficiência em várias esferas, contribuindo para um futuro mais inovador e conectado.

3.13 Atuação da robótica nas nuvens

A atuação da robótica nas nuvens refere-se à integração de sistemas robóticos com serviços de computação em nuvem para ampliar suas capacidades e funcionalidades. Isso permite que os robôs acessem recursos computacionais remotos, armazenamento de dados, algoritmos avançados e serviços de inteligência artificial por meio da conexão com servidores em nuvem. Aqui estão alguns aspectos dessa interação:

Processamento Remoto:

A robótica nas nuvens permite que parte do processamento computacional seja realizado em servidores remotos, aliviando a carga de trabalho nos sistemas embarcados nos próprios robôs. Isso é particularmente útil para tarefas intensivas em termos computacionais, como processamento de imagens e aprendizado de máquina.

Armazenamento de Dados:

A nuvem oferece uma solução eficiente para armazenar grandes volumes de dados coletados por robôs. Isso inclui dados sensoriais, registros de operações e informações relevantes para as tarefas desempenhadas pelos robôs.

Atualizações e Manutenção:

Os softwares e algoritmos utilizados pelos robôs podem ser atualizados de forma centralizada na nuvem, garantindo que todos os robôs conectados tenham acesso às últimas melhorias e correções. Isso simplifica o gerenciamento e a manutenção em larga escala.

Aprendizado de Máquina e Inteligência Artificial:

A computação em nuvem proporciona recursos poderosos para treinamento de modelos de aprendizado de máquina. Os robôs podem utilizar serviços em nuvem para treinar e aprimorar seus algoritmos, permitindo adaptação a novas situações e aprendizado contínuo.

Interação com Serviços Cognitivos:

Os robôs podem se beneficiar de serviços cognitivos oferecidos na nuvem, como reconhecimento de fala, processamento de linguagem natural, visão computacional e análise de dados. Isso enriquece as capacidades dos robôs em interpretar e interagir com o ambiente.

Coordenação entre Robôs:

A nuvem facilita a coordenação e comunicação entre vários robôs em tempo real. Dados e informações podem ser compartilhados eficientemente, permitindo colaboração em tarefas complexas.

Segurança e Backup:

Dados críticos podem ser mantidos de forma segura na nuvem, reduzindo o risco de perda de informações em caso de falhas nos sistemas embarcados dos robôs. Além disso, protocolos de segurança na nuvem podem ser aplicados para proteger dados sensíveis.

Economia de Recursos Locais:

Ao utilizar recursos de processamento e armazenamento em nuvem, os robôs podem economizar recursos locais, permitindo a construção de robôs mais compactos e eficientes em termos energéticos.

A integração da robótica com a computação em nuvem oferece vantagens significativas em termos de escalabilidade, flexibilidade e acesso a recursos avançados, contribuindo para o avanço e aprimoramento das capacidades dos robôs em diversas aplicações.

Capítulo 4

Ferramentas de IA disponíveis na Internet

4.1 ChatGPT 3.5 & 4.0:

O ChatGPT 3.5 é uma ferramenta avançada de inteligência artificial desenvolvida pela OpenAI. Ele é baseado na arquitetura GPT (Generative Pre-trained Transformer), uma tecnologia de ponta que utiliza redes neurais profundas para gerar texto de forma coerente e relevante.
Esta versão do ChatGPT, a 3.5, representa um avanço significativo em relação às versões anteriores. Ele é capaz de compreender e gerar texto em diversos idiomas, incluindo o português, com uma fluência e naturalidade notáveis. Além disso, o ChatGPT 3.5 possui uma compreensão mais profunda do contexto, o que lhe permite fornecer respostas mais precisas e relevantes para uma ampla variedade de perguntas e solicitações.

Uma das características mais impressionantes do ChatGPT 3.5 é a sua capacidade de gerar textos longos e coesos, que podem variar desde respostas simples até textos complexos e detalhados sobre uma ampla gama de tópicos. Ele pode ser utilizado em uma variedade de contextos, desde assistência virtual em sites até a criação de conteúdo para mídias sociais, redação de artigos e muito mais.

Além disso, o ChatGPT 3.5 pode ser personalizado e ajustado para atender às necessidades específicas de diferentes usuários e aplicações. Isso o torna uma ferramenta versátil e poderosa para uma ampla variedade de usos, desde assistência ao cliente até pesquisa e desenvolvimento de produtos.

Em resumo, o ChatGPT 3.5 representa o estado da arte em inteligência artificial aplicada à geração de texto, oferecendo uma combinação única de fluência, precisão e capacidade de compreensão contextual.

AIPRM: Ferramenta da OpenAI

A sigla "AIPRM" representa "Análise de Impacto na Privacidade e Proteção de Dados". Esta é uma ferramenta utilizada para avaliar e analisar os potenciais impactos na privacidade e na proteção de dados decorrentes de determinadas atividades, processos, sistemas ou tecnologias.

A AIPRM geralmente é empregada por organizações, empresas ou entidades que lidam com dados sensíveis ou pessoais, especialmente aquelas que estão sujeitas a regulamentações rigorosas de privacidade, como o Regulamento Geral de Proteção de Dados (GDPR) da União Europeia. Através da análise de impacto na privacidade, é possível identificar riscos à privacidade e adotar medidas adequadas para mitigar esses riscos, garantindo assim o cumprimento das normas de proteção de dados.

Essa ferramenta envolve uma avaliação detalhada dos processos de coleta, armazenamento, processamento e compartilhamento de dados, bem como a identificação de possíveis vulnerabilidades ou ameaças à privacidade dos indivíduos cujos dados estão sendo tratados. Com base nessa análise, são desenvolvidas estratégias e políticas para minimizar os riscos e proteger a privacidade dos dados de acordo com as exigências legais e éticas.

DALL-E: Ferramenta de IA da OpenAI

DALL-E é uma poderosa ferramenta de inteligência artificial desenvolvida pela OpenAI, capaz de gerar imagens realistas a partir de descrições textuais. Seu nome é uma junção dos nomes do pintor surrealista Salvador Dalí e do robô Wall-E. DALL-E é uma extensão do modelo GPT, que foi treinado especificamente para gerar imagens a partir de textos descritivos.

Essa ferramenta revolucionária utiliza uma abordagem conhecida como "aprendizado por máquina condicional", onde a rede neural é treinada para entender a relação entre o texto e as imagens correspondentes. Com base nesse treinamento, DALL-E é capaz de interpretar uma variedade de descrições textuais e criar imagens que correspondam a essas descrições, indo desde objetos comuns até conceitos mais abstratos e imaginativos.

Por exemplo, se você descrever uma "girafa amarela usando óculos de sol", DALL-E pode gerar uma imagem que represente exatamente essa descrição. A ferramenta é capaz de produzir uma ampla gama de estilos e estéticas, desde imagens realistas até ilustrações mais estilizadas e fantasiosas.

DALL-E tem uma variedade de aplicações potenciais em design gráfico, criação de conteúdo digital, desenvolvimento de jogos, entre outros campos criativos. Sua capacidade de transformar descrições textuais em imagens realistas e detalhadas representa um avanço significativo na interseção entre linguagem natural e geração de imagens por inteligência artificial.

Site oficial: https://chat.openai.com/

4.2 Pinpoint (Google):

O Pinpoint é uma ferramenta de pesquisa inovadora desenvolvida pelo Google para auxiliar jornalistas e acadêmicos na exploração e análise de grandes coleções de documentos. A ferramenta permite o upload e a pesquisa de milhares de documentos, imagens, emails, anotações manuscritas e arquivos de áudio, buscando por palavras, frases, locais, organizações e pessoas.

Funcionalidades:

- Pesquisa avançada: O Pinpoint oferece recursos de pesquisa avançada para encontrar informações específicas em grandes conjuntos de dados.

- Reconhecimento ótico de caracteres (OCR): A ferramenta utiliza OCR para extrair texto de imagens e arquivos PDF, permitindo a pesquisa por palavras em documentos digitalizados.

- Conversão de voz para texto: O Pinpoint converte arquivos de áudio em texto, possibilitando a pesquisa por palavras faladas em entrevistas, palestras e outros conteúdos audiovisuais.

- Visualização de documentos: A ferramenta oferece uma interface intuitiva para visualizar documentos, incluindo imagens e arquivos de áudio, facilitando a análise do conteúdo.

- Filtros e agrupamentos: O Pinpoint permite filtrar e agrupar documentos por diversos critérios, como data, autor, local e organização, auxiliando na organização e análise dos dados.

- Exportação de resultados: A ferramenta permite exportar os resultados da pesquisa para diversos formatos, como PDF, CSV e JSON, facilitando o compartilhamento e a análise dos dados.

Aplicações:

- Jornalismo: O Pinpoint pode ser usado por jornalistas para investigar histórias, encontrar fontes e verificar informações em grandes volumes de documentos, como emails, vazamentos de dados e arquivos históricos.

- Pesquisa acadêmica: A ferramenta pode ser utilizada por acadêmicos para analisar dados de pesquisa, como entrevistas, transcrições de audiovisuais e documentos históricos, em diversas áreas de estudo.

- Investigações: O Pinpoint pode auxiliar em investigações forenses e jurídicas, permitindo a busca e análise de documentos, imagens e arquivos de áudio como provas e pistas.

- Trabalho com documentos: A ferramenta pode ser utilizada por profissionais de diversas áreas para organizar, analisar e compartilhar grandes volumes de documentos, como contratos, relatórios e emails.

Benefícios:

- Eficiência: O Pinpoint agiliza a pesquisa e análise de grandes coleções de documentos, economizando tempo e esforço.

- Precisão: A ferramenta oferece recursos avançados de pesquisa para encontrar informações precisas e relevantes.

- Organização: O Pinpoint facilita a organização e o gerenciamento de grandes volumes de documentos.

- Acessibilidade: A ferramenta torna o conteúdo de documentos mais acessível para pessoas com deficiência visual ou auditiva.

- Colaboração: O Pinpoint permite o compartilhamento de resultados e a colaboração entre diferentes usuários.

Limitações:

- Tamanho dos arquivos: O Pinpoint possui um limite de tamanho para os arquivos que podem ser uploaded.

- Idiomas: A ferramenta ainda não oferece suporte para todos os idiomas.

- Disponibilidade: O Pinpoint ainda não está disponível para o público em geral.

Para saber mais:

Site oficial: https://journaliststudio.google.com/pinpoint/about

O Pinpoint é uma ferramenta inovadora com grande potencial para transformar a forma como jornalistas, acadêmicos e outros profissionais trabalham com grandes coleções de documentos. A ferramenta oferece recursos avançados de pesquisa, análise e organização, tornando o processo de pesquisa mais eficiente, preciso e acessível.

Observação: O Pinpoint ainda está em desenvolvimento e suas funcionalidades podem ser aprimoradas com o tempo. A Google está constantemente buscando feedback dos usuários para melhorar a ferramenta e atender às suas necessidades.

4.3 Voice In: Extensão para Chrome

A extensão Voice In para o Chrome é uma ferramenta que permite aos usuários navegarem na internet e interagir com páginas da web usando comandos de voz. Com essa extensão, os usuários podem realizar várias tarefas, como abrir páginas, fazer pesquisas, preencher formulários e até mesmo navegar por menus, tudo apenas falando com o navegador.

Essa extensão utiliza tecnologia de reconhecimento de voz para entender os comandos dos usuários e convertê-los em ações dentro do navegador. Ela é especialmente útil para pessoas com dificuldades motoras ou deficiências visuais, pois oferece uma forma alternativa e mais acessível de interagir com a internet.

Além disso, a extensão Voice In pode ser personalizada para se adequar às preferências e necessidades de cada usuário, permitindo a configuração de comandos específicos e ajustes de reconhecimento de voz.

Em resumo, a extensão Voice In para o Chrome torna a experiência de navegação na web mais fácil, conveniente e acessível para todos os usuários, ao permitir que eles controlem o navegador usando apenas a voz.

4.4 Google Bard - A incrível IA do Google.

O Google Bard é um modelo de linguagem de inteligência artificial (IA) desenvolvido pelo Google AI. Ele funciona através de um processo chamado aprendizado de máquina, que envolve o treinamento do modelo em um enorme conjunto de dados de texto e código. Este conjunto de dados inclui:
  - Livros, artigos e outras formas de texto escrito
  - Código de diferentes linguagens de programação

- Diálogos de conversas reais

Ao analisar esses dados, o Bard aprende a identificar padrões e regras que regem a linguagem humana. Isso permite que ele gere texto, traduza idiomas, escreva diferentes tipos de conteúdo criativo e responda às suas perguntas de forma informativa.

4.3 Poe - Diferentes modelos de linguagem de IA.

É um agregador de Chatbots de Inteligência Artificial, permitindo acesso a diversas opções em um único lugar. Disponível na web (poe.com) e como aplicativo mobile.
Funciona como uma central de conversas com personagens virtuais alimentados por IA oferecendo experiências interativas e criativas. Permite até a criação de Chatbots personalizados.

Chatbots: é um programa de computador que simula e processa conversas humanas (escritas ou faladas), permitindo que as pessoas interajam com dispositivos digitais como se estivessem se comunicando com uma pessoa real.

Chatbots podem ser integrados a sites para fornecer suporte ao cliente, responder perguntas frequentes e até mesmo vender produtos.

4.4 Fathom - é um chatbot de inteligência artificial (IA)

É uma Inteligência artificial (IA) desenvolvida pela Fathom, uma empresa de software para empresas. O chatbot é projetado para ajudar as empresas a automatizarem tarefas de atendimento ao cliente, como responder perguntas frequentes, fornece suporte técnico e resolver problemas simples.

O IA Fathom funciona usando uma combinação de processamento de linguagem natural (PLN) e aprendizado de máquina. O PLN permite que o chatbot compreenda a linguagem humana e gere respostas que sejam relevantes e coerentes. O aprendizado de máquina permite que o chatbot aprenda com suas interações com os clientes e melhore seu desempenho ao longo do tempo.

O IA Fathom oferece uma série de vantagens para as empresas, como:

- Melhoria do atendimento ao cliente: O chatbot pode fornecer suporte ao cliente 24 horas por dia, 7 dias por semana, e responder perguntas frequentes rapidamente e com precisão.
- Redução de custos: O chatbot pode automatizar tarefas que de outra forma seriam realizadas por humanos, liberando tempo para que os funcionários se concentrem em tarefas mais complexas.
- Melhoria da satisfação do cliente: O chatbot pode fornecer uma experiência de cliente mais personalizada e eficiente.

4.5 Ideogram - Geração de imagens com AI

O Ideogram é uma ferramenta de inteligência artificial (IA) que permite a criação de imagens personalizadas a partir de descrições textuais. É uma ferramenta inovadora que abre um mundo de possibilidades criativas para designers, artistas e qualquer pessoa que queira criar imagens impactantes.

Aqui estão alguns dos principais recursos do Ideogram:
- Criação de imagens a partir de texto: Basta digitar uma descrição da imagem que você deseja e o Ideogram usará IA para gerar diversas opções de imagens que correspondem à sua descrição.

- Edição de imagens: Você pode editar as imagens geradas pelo Ideogram para personalizá-las ainda mais.
- Variedade de estilos: O Ideogram oferece uma variedade de estilos de imagens para você escolher, incluindo realistas, abstratos, cartoonizados e muito mais.

Uso gratuito: O Ideogram é uma ferramenta gratuita que você pode usar para criar quantas imagens quiser.

O Ideogram é uma ferramenta poderosa que pode ser usada para uma variedade de propósitos, como:
- Criar logotipos e outros materiais de marketing.
- Desenvolver ilustrações para livros, artigos e outros projetos.
- Gerar imagens para apresentações e slides.
- Criar conteúdo para redes sociais.
- Expressar sua criatividade de forma visual.

Se você está procurando uma ferramenta de IA que possa ajudá-lo a criar imagens incríveis, o Ideogram é uma ótima opção.

Aqui estão alguns exemplos de como o Ideogram pode ser usado:
- Um designer gráfico pode usar o Ideogram para criar logotipos para seus clientes.
- Um ilustrador pode usar o Ideogram para criar ilustrações para um livro infantil.
- Um professor pode usar o Ideogram para criar apresentações para seus alunos.
- Um influenciador digital pode usar o Ideogram para criar conteúdo para suas redes sociais.

O Ideogram é uma ferramenta versátil que pode ser usada por qualquer pessoa que queira criar imagens impactantes.

Site oficial: https://ideogram.ai/

4.6 123 Apps: Ferramentas de IA para o dia a dia

123 Apps é um site que oferece uma variedade de ferramentas de inteligência artificial (IA) que podem ser usadas para realizar diversas tarefas, desde edição de fotos e vídeos até criação de conteúdo e conversão de arquivos. Algumas das ferramentas mais populares do 123 Apps incluem:

- Editor de Fotos: Permite editar fotos, adicionar filtros e efeitos, e criar colagens.
- Editor de Vídeos: Permite editar vídeos, adicionar música e texto, e criar apresentações de slides.
- Conversor de Texto para Fala: Permite converter texto em fala, o que pode ser útil para criar audiobooks ou apresentações.
- Conversor de Áudio para Texto: Permite converter áudio em texto, o que pode ser útil para transcrever entrevistas ou palestras.
- Removedor de Fundo: Permite remover o fundo de fotos, o que pode ser útil para criar imagens transparentes.
- Criador de Logotipo: Permite criar logotipos personalizados.
- Criador de Cartão de Visita: Permite criar cartões de visita personalizados.
- Criador de Banner: Permite criar banners personalizados.

Todas as ferramentas do 123 Apps são gratuitas para usar, mas há uma versão premium que oferece recursos adicionais, como a capacidade de baixar imagens em alta resolução e remover anúncios.

O 123 Apps é uma ferramenta poderosa que pode ser usada por qualquer pessoa que queira realizar tarefas de forma rápida e fácil. É uma ótima opção para quem não tem experiência com edição de fotos ou vídeos, ou para quem não tem tempo para aprender a usar softwares mais complexos. Aqui estão alguns exemplos de como o 123 Apps pode ser usado:

- Editar fotos de férias para torná-las mais atraentes.
- Criar um vídeo para uma apresentação de negócios.
- Converter um texto em áudio para ouvir em um dispositivo móvel.
- Transcrever uma entrevista para um artigo.
- Remover o fundo de uma foto para usá-la em um site ou blog.
- Criar um logotipo para uma nova empresa.
- Criar um cartão de visita para um profissional.
- Criar um banner para um site ou blog.

O 123 Apps é uma ferramenta versátil que pode ser usada para uma variedade de propósitos. Se você está procurando uma maneira fácil de realizar tarefas de edição de fotos e vídeos, ou se você precisa criar conteúdo para seu site ou blog, o 123 Apps é uma ótima opção.
Site oficial em https://123apps.com/: https://123apps.com/.

4.7 LangChain: A IA traduz e gera linguagem natural

LangChain é uma plataforma de inteligência artificial (IA) que oferece uma variedade de ferramentas para tradução e geração de linguagem natural. A plataforma é desenvolvida pela empresa LangChain Technologies, com sede em Pequim, China.

As principais funcionalidades da LangChain incluem:

Tradução:
- Tradução automática de alta qualidade entre mais de 100 idiomas, incluindo português.
- Tradução de documentos, textos e websites.
- Tradução em tempo real para conversas e videochamadas.
- Geração de linguagem natural:
- Geração de textos criativos, como poemas, histórias, scripts e artigos.
- Resumo de textos longos.
- Criação de respostas para perguntas frequentes.

A LangChain utiliza diversas tecnologias de IA, como:

- Processamento de linguagem natural (PLN): Permite que a plataforma compreenda a linguagem humana e gere respostas que sejam relevantes e coerentes.

- Aprendizado de máquina: Permite que a plataforma aprenda com seus dados e melhore seu desempenho ao longo do tempo.

- Redes neurais artificiais: Permitem que a plataforma realize tarefas complexas de tradução e geração de linguagem natural.

A LangChain é uma plataforma poderosa que pode ser utilizada por:

- Empresas: para traduzir seus materiais de marketing e website para outros idiomas, e para se comunicar com clientes e parceiros internacionais.
- Profissionais: para traduzir documentos, textos e websites para outros idiomas, e para se comunicar com colegas e clientes internacionais.
- Estudantes: para traduzir textos para seus estudos, e para se comunicar com colegas e professores internacionais.
- Qualquer pessoa: para traduzir textos para outros idiomas, e para se comunicar com pessoas de outras culturas.

A LangChain oferece planos gratuitos e pagos. O plano gratuito oferece acesso a algumas funcionalidades básicas da plataforma, enquanto os planos pagos oferecem acesso a todas as funcionalidades da plataforma, incluindo tradução em tempo real e geração de linguagem natural.

Site oficial em https://langchain.com/:

4.8 Harpa AI - A IA faz leituras e gera descrições

A Harpa AI é uma ferramenta de Inteligência Artificial que se destaca por duas funcionalidades principais: automação web e criação de conteúdo escrito. Ela oferece opções gratuitas e pagas para usuários individuais e equipes.
Aqui estão os principais recursos da Harpa AI:
Automação web:
- Navegação automatizada: Pode visitar páginas da web, clicar em links e elementos específicos, e extrair dados.
- Preenchimento automático de formulários: Pode preencher automaticamente campos de formulários com base em suas instruções.
- Download de dados: Pode baixar dados de páginas da web em diferentes formatos (CSV, JSON etc.).

- Integração com IFTTT: Permite automatizar tarefas conectando-se a outros serviços online.
- Suporte a JavaScript: Permite executar scripts JavaScript para tarefas mais complexas.

Criação de conteúdo escrito:
- Geração de texto: Pode criar diferentes tipos de conteúdo escrito, como emails, posts de mídia social, artigos longos, e até mesmo imitar seu estilo de escrita.
- Respostas a perguntas frequentes: Pode gerar respostas automatizadas para perguntas frequentes.
- Tradução: Oferece tradução de textos para diversos idiomas.
- Deteção e remoção de banners de cookies: Identifica e oculta banners de cookies automaticamente.

Aqui estão alguns casos de uso da Harpa AI:
- Pesquisas na web: Automatizar tarefas repetitivas de coleta de dados.
- Preenchimento automático de formulários online: Economizar tempo preenchendo formulários repetidamente.
- Criação de conteúdo para redes sociais: Gerar rapidamente posts e tweets criativos.
- Redação de emails personalizados: Escrever emails personalizados em lote.
- Tradução de sites e documentos: Aumentar a acessibilidade do seu conteúdo a diferentes públicos.

Vantagens da Harpa AI:
- Versão gratuita disponível com recursos básicos.
- Interface amigável e fácil de usar.
- Integração com diversas ferramentas online.
- Suporte a diferentes idiomas.
- Recursos avançados para usuários pagantes.

Desvantagens da Harpa AI:
- Algumas funcionalidades requerem plano pago.
- Pode exigir aprendizado inicial para uso eficiente.
- A qualidade da geração de texto pode variar.

Site oficial em https://harpa.ai/: https://harpa.ai/.

4.9 Leonardo AI - Geração de imagens com IA

A Leonardo AI é uma ferramenta de inteligência artificial (IA) focada principalmente na criação de imagens a partir de descrições textuais. É uma alternativa popular a outras ferramentas como Midjourney e DALL-E 2, oferecendo diversos recursos e planos para atender a diferentes necessidades.

Aqui estão os principais destaques da Leonardo AI:
- Criação de imagens com base em texto: Basta descrever a imagem desejada usando texto simples e o Leonardo AI gera diversas interpretações visuais.
- Ampla variedade de estilos: Escolha entre estilos diferentes, como realista, cartoonizado, pintura a óleo, pixel art e muito mais.
- Controle preciso sobre a composição: Ajuste elementos como layout, cores, iluminação e profundidade para personalizar suas imagens.
- Iteração rápida e fácil: Experimente com diferentes descrições e ajustes para refinar os resultados até obter a imagem perfeita.
- Comunidade ativa: Conecte-se com outros usuários, inspire-se com galerias de arte gerada por IA e compartilhe suas próprias criações.

Além disso, a Leonardo AI oferece:
- AI Canvas: Uma ferramenta avançada para edição precisa de imagens geradas, permitindo aplicar pincéis, camadas e efeitos personalizados.

- 3D Texture Generation: Crie texturas personalizadas para modelos 3D, expandindo as possibilidades de design.
- Integração com plataformas criativas: Conecte-se com apps como Figma, Photoshop e Unreal Engine para usar suas imagens diretamente em seus projetos.

A Leonardo AI possui planos gratuitos e pagos:
- Plano gratuito: Acesso limitado a recursos básicos, ideal para experimentar a ferramenta.
- Planos pagos: Oferecem recursos avançados como resolução mais alta, processamento prioritário, armazenamento em nuvem e acesso a estilos exclusivos.

A Leonardo AI pode ser utilizada por:
- Artistas: Explorar ideias, criar esboços iniciais, gerar variações de um conceito artístico.
- Designers gráficos: Criar designs de logotipos, banners, ilustrações e mockups rapidamente.
- Gamers e desenvolvedores: Gerar texturas e cenários para jogos 3D.
- Profissionais de marketing: Criar conteúdo visual personalizado para campanhas promocionais.
- Qualquer pessoa com imaginação: Divertir-se explorando as possibilidades visuais da IA.

Site oficial em https://leonardo.ai/:

4.10 Vectorizer AI - Gere imagens e ícones

Vectorizer AI é uma ferramenta online que permite converter imagens raster (como PNGs, JPGs) em imagens vetoriais (como SVGs) . As imagens vetoriais são compostas de caminhos matemáticos em vez de pixels, o que significa que podem ser dimensionadas infinitamente sem perder qualidade. Isso os torna ideais para uso em design gráfico, impressão e outras aplicações onde a alta resolução é importante.

Aqui estão alguns dos principais recursos do Vectorizer AI:
- Fácil de usar: basta enviar sua imagem e clicar no botão "Converter".
- Suporta uma variedade de formatos de arquivo: PNG, JPG, BMP, GIF, TIFF.
- Resultados de alta qualidade: Vectorizer AI usa algoritmos avançados para produzir imagens vetoriais precisas e limpas.
- Múltiplas opções de saída: você pode optar por baixar sua imagem vetorial em formato SVG, EPS ou PDF.
- Uso gratuito: você pode converter até 10 imagens por mês gratuitamente. Existem também planos pagos com limites mais elevados e recursos adicionais.

4.11 FireFlies AI - Anotações automáticas
FireFlies AI é uma ferramenta de assistente de reunião alimentada por inteligência artificial (IA) que ajuda os profissionais a capturarem, resumir e analisar suas reuniões de forma mais eficaz.

Recursos principais do FireFlies AI:

Transcrição e anotações:
- Transcreve automaticamente o áudio das reuniões em mais de 69 idiomas.
- Destaca pontos-chave, itens de ação e decisões tomadas.
- Fornece transcrições e notas pesquisáveis para fácil referência.

Gravação e reprodução:
- Grava reuniões em várias plataformas como Zoom, Google Meet, Webex, Microsoft Teams e outras.
- Permite a reprodução em diferentes velocidades (1x, 1,25x , 1,5x , 1,75x , 2x) para revisitar facilmente partes específicas.

Insights baseados em IA:
- Apresenta pontos importantes e itens de ação com análise de IA.
- Identifica palestrantes e rastreia o fluxo da conversa.
- Oferece análise de sentimento para compreender o tom geral da reunião.

Colaboração e compartilhamento:
- Compartilhe facilmente gravações e notas de reuniões com os membros da equipe.
- Anote e comente partes específicas das gravações.
- Integra-se com ferramentas populares de calendário e gerenciamento de projetos.

Aqui estão alguns dos benefícios de usar FireFlies AI:
- Maior produtividade: Libera tempo gasto em anotações e permite focar na reunião em si.
- Recuperação aprimorada: Fornece um registro completo da reunião para referência posterior.
- Insights acionáveis: ajudam a identificar as principais conclusões e itens de ação.
- Colaboração aprimorada: facilita o compartilhamento de informações e a colaboração com os membros da equipe.

FireFlies AI oferece planos gratuitos e pagos. O plano gratuito permite gravação e transcrição limitada de reuniões, enquanto os planos pagos oferecem recursos adicionais como análises avançadas, armazenamento ilimitado e integrações com outras ferramentas.

No geral, FireFlies AI é uma ferramenta valiosa para quem deseja melhorar sua experiência em reuniões e capturar informações importantes para uma melhor tomada de decisões. Se você está procurando uma solução para agilizar o fluxo de trabalho de sua reunião e obter insights valiosos de suas conversas, vale a pena considerar o FireFlies AI.

Site oficial: https://fireflies.ai/

4.11 Ask Your PDF - Converse com seus PDF's

"Ask Your PDF" é uma ferramenta inovadora baseada em Inteligência Artificial (IA) que transforma seus documentos PDF estáticos em chatbots interativos e dinâmicos. Isso significa que você pode ter conversas com seus documentos, fazendo perguntas e recebendo respostas relevantes como se estivesse falando com um especialista no assunto.

Como funciona?
1. Carregue seu PDF: Basta enviar seu PDF para o site "Ask Your PDF" ou usar a extensão para Chrome.
2. IA em ação: A ferramenta usa IA de última geração para analisar o conteúdo do seu PDF e extrair informações importantes.
3. Converse com o ·chatbot: Faça perguntas sobre o conteúdo do PDF e a IA fornecerá respostas precisas e relevantes.

Funcionalidades:
- Respostas a perguntas: Faça qualquer pergunta sobre o conteúdo do PDF e a IA fará o possível para fornecer uma resposta completa e informativa.
- Resumo do documento: Obtenha um resumo rápido dos pontos principais do PDF.

- Extração de informações: Extraia dados específicos, como datas, nomes, lugares e valores, do PDF.
- Tradução: Traduza o texto do PDF para vários idiomas.
- Navegação inteligente: Encontre rapidamente as informações que você procura no PDF.
- Anotações e comentários: Faça anotações e comentários no PDF diretamente na interface do chatbot.
- Integração com outros serviços: Conecte "Ask Your PDF" a outros serviços como Google Drive, Dropbox e Slack para facilitar o acesso e compartilhamento de seus documentos.

Aplicações:
- Educação: Estudantes podem usar "Ask Your PDF" para tirar dúvidas sobre livros, artigos e outros materiais de estudo.
- Negócios: Profissionais podem usar "Ask Your PDF" para analisar contratos, relatórios e outros documentos importantes.
- Pesquisa: Pesquisadores podem usar "Ask Your PDF" para analisar grandes volumes de dados textuais de forma rápida e eficiente.
- Atendimento ao cliente: Empresas podem usar "Ask Your PDF" para criar chatbots que respondam perguntas frequentes de clientes.

Benefícios:
- Melhora a compreensão do conteúdo: A IA ajuda a entender melhor o conteúdo do PDF, fornecendo respostas personalizadas às suas perguntas.
- Aumenta a produtividade: Economiza tempo e esforço ao navegar e extrair informações de documentos PDF.

- Facilita a colaboração: Permite que você compartilhe seus documentos com outras pessoas e trabalhe em conjunto de forma mais eficiente.
- Torna os PDFs mais acessíveis: Permite que pessoas com deficiência visual ou dislexia acessem o conteúdo de PDFs com mais facilidade.

Limitações:
- A qualidade das respostas depende da qualidade do PDF: A IA precisa de um PDF bem escrito e estruturado para funcionar corretamente.
- A IA não é perfeita: Pode haver erros nas respostas, especialmente em casos complexos ou ambíguos.
- A ferramenta está em constante desenvolvimento: Novas funcionalidades e idiomas estão sendo adicionados regularmente.

"Ask Your PDF" é uma ferramenta de IA promissora que oferece uma nova maneira de interagir com documentos PDF. Com sua capacidade de transformar PDFs em chatbots interativos, a ferramenta tem o potencial de revolucionar a forma como lemos, aprendemos e trabalhamos com documentos.

4.12 Auphonic - Turbine a qualidade de seus áudios

"AI Auphonic" é uma ferramenta online inovadora que utiliza inteligência artificial (IA) para aprimorar automaticamente a qualidade de seus arquivos de áudio. O serviço é ideal para podcasts, entrevistas, gravações musicais e qualquer outro tipo de áudio que você queira melhorar.

Como funciona?
1. Carregue seu arquivo de áudio: Basta enviar seu arquivo de áudio para o site "AI Auphonic" ou usar a integração com Dropbox ou Google Drive.

2. IA em ação: A ferramenta usa IA de última geração para analisar o áudio e aplicar automaticamente as correções necessárias.
3. Download do arquivo aprimorado: Baixe seu arquivo de áudio aprimorado e pronto para uso.

Funcionalidades:
- Redução de ruído: Remove ruídos de fundo indesejáveis, como vento, tráfego, respiração e outros sons perturbadores.
- Normalização de nível: Ajusta o volume do áudio para um nível consistente, evitando picos e quedas de volume.
- Equalização: Ajusta as frequências do áudio para melhorar a clareza e a qualidade geral do som.
- Compressão: Reduz o tamanho do arquivo de áudio sem sacrificar a qualidade, facilitando o compartilhamento e o armazenamento.
- Restauração de áudio: Repara arquivos de áudio danificados ou corrompidos, recuperando a qualidade original do som.
- Masterização: Aplica efeitos profissionais ao seu áudio, como reverb, delay e outros ajustes para um som mais refinado.
- Transcrição: Transcreve o conteúdo do seu áudio para texto, facilitando a busca por informações e a criação de legendas.
- Identificação de música: Identifica músicas que você esteja gravando, fornecendo informações sobre o artista, título e álbum.

Aplicações:
- Podcasts: Melhore a qualidade do áudio do seu podcast para um som profissional e agradável aos seus ouvintes.

- Entrevistas: Transforme suas entrevistas em gravações de alta qualidade, eliminando ruídos de fundo e ajustando o volume.
- Música: Aprimore suas gravações musicais com equalização, compressão e outros efeitos profissionais.
- Educação: Crie gravações de aulas e palestras com som claro e nítido para seus alunos.
- Negócios: Melhore a qualidade de suas apresentações, videoconferências e outros materiais de áudio.

Benefícios:
- Melhora a qualidade do áudio: A IA garante um som profissional e agradável para seus ouvintes.
- Economiza tempo e esforço: A ferramenta automatiza o processo de edição de áudio, liberando você para outras tarefas.
- Facilita o compartilhamento: Os arquivos de áudio aprimorados são menores e mais fáceis de compartilhar online.
- Torna o áudio mais acessível: A transcrição de áudio torna o conteúdo acessível a pessoas com deficiência auditiva.

Limitações:
- A qualidade do resultado depende da qualidade do áudio original: A IA não pode fazer milagres com gravações de baixa qualidade.
- A ferramenta está em constante desenvolvimento: Novas funcionalidades e idiomas estão sendo adicionados regularmente.

"AI Auphonic" é uma ferramenta de IA poderosa que oferece uma maneira fácil e rápida de melhorar a qualidade de seus arquivos de áudio. Com sua interface intuitiva e recursos avançados, a ferramenta é ideal para qualquer pessoa que queira obter o melhor de seus áudios.

Site oficial: https://auphonic.com/

4.13 Upscayl - Aumente a qualidade de suas imagens

"Upscayl" é uma ferramenta online inovadora que utiliza inteligência artificial (IA) para aumentar a resolução de imagens e vídeos. O serviço é ideal para melhorar a qualidade de fotos antigas, vídeos de baixa resolução e qualquer outro tipo de imagem que você queira ampliar sem perder qualidade.

Como funciona?
1. Carregue sua imagem ou vídeo: Basta enviar sua imagem ou vídeo para o site "Upscayl" ou usar a integração com Dropbox ou Google Drive.
2. IA em ação: A ferramenta usa IA de última geração para analisar a imagem ou vídeo e adicionar detalhes realistas, aumentando a resolução sem distorcer a qualidade.
3. Download da imagem ou vídeo aprimorado: Baixe sua imagem ou vídeo aprimorado e pronto para uso.

Funcionalidades:
- Aumento de resolução: Aumenta a resolução de imagens e vídeos sem perder qualidade, ideal para ampliar fotos antigas e vídeos de baixa resolução.
- Super-resolução: Aumenta a resolução de imagens em até 4x, utilizando técnicas avançadas de IA para adicionar detalhes realistas.
- Redução de ruído: Remove ruídos e imperfeições da imagem, como granulação e manchas, para um resultado mais limpo e nítido.
- Correção de cores: Ajusta as cores da imagem para um resultado mais vibrante e natural.

- Aprimoramento de detalhes: Realça detalhes da imagem, como texturas e bordas, para um resultado mais realista.
- Edição básica: Permite realizar cortes, rotações e ajustes de brilho e contraste na imagem.

Aplicações:
- Fotografia: Melhore a qualidade de suas fotos antigas, ampliando-as sem perder detalhes.
- Vídeos: Aumente a resolução de seus vídeos de baixa resolução para uma melhor experiência visual.
- Design: Crie imagens de alta resolução para seus projetos gráficos e websites.
- Impressão: Garanta impressões de alta qualidade com imagens em alta resolução.
- Negócios: Utilize imagens e vídeos de alta qualidade em seus materiais de marketing e apresentações.

Benefícios:
- Melhora a qualidade de imagens e vídeos: A IA garante um resultado profissional e de alta qualidade.
- Economiza tempo e esforço: A ferramenta automatiza o processo de edição de imagens e vídeos, liberando você para outras tarefas.
- Facilita o compartilhamento: As imagens e vídeos aprimorados são mais fáceis de compartilhar online.
- Torna imagens e vídeos mais acessíveis: A ferramenta oferece recursos de acessibilidade para pessoas com deficiência visual.

Limitações:
- A qualidade do resultado depende da qualidade da imagem ou vídeo original: A IA não pode fazer milagres com imagens ou vídeos de baixa qualidade.
- A ferramenta está em constante desenvolvimento: Novas funcionalidades e idiomas estão sendo adicionados regularmente.

"Upscayl" é uma ferramenta de IA poderosa que oferece uma maneira fácil e rápida de melhorar a qualidade de suas imagens e vídeos. Com sua interface intuitiva e recursos avançados, a ferramenta é ideal para qualquer pessoa que queira obter o melhor de seus conteúdos visuais.

4.14 Claude AI - O Concorrente do ChatGPT

"Claude AI" é uma IA conversacional de última geração desenvolvida pela Anthropic, uma empresa de pesquisa em inteligência artificial. Claude é um modelo transformador pré-treinado generativo, o que significa que foi treinado em um enorme conjunto de dados de texto e código, permitindo que ele gere texto, traduza idiomas, escreva diferentes tipos de conteúdo criativo e responda às suas perguntas de forma informativa, mesmo que sejam abertas, desafiadoras ou estranhas.

Funcionalidades:
- Conversação: Converse com Claude sobre qualquer tópico que você desejar. Ele pode responder às suas perguntas, fornecer informações e até mesmo ter conversas abertas e criativas.
- Geração de texto: Claude pode gerar diferentes formatos de texto criativo, como poemas, código, scripts, peças musicais, e-mails, cartas etc. Ele tentará o seu melhor para atender a todos os seus requisitos.
- Tradução: Claude pode traduzir texto entre vários idiomas, facilitando a comunicação com pessoas de todo o mundo.
- Respostas a perguntas: Faça perguntas sobre qualquer tópico e Claude usará seu conhecimento para fornecer respostas informativas e relevantes.
- Resumo de texto: Claude pode resumir textos longos para que você possa entender os pontos principais rapidamente.

- Edição de texto: Claude pode te ajudar a editar textos, corrigindo erros gramaticais e de ortografia, e te sugerindo melhorias para o seu texto.
- Pesquisa de informações: Claude pode te ajudar a encontrar informações na internet, te direcionando para sites e artigos relevantes para o seu tema de pesquisa.

Aplicações:
- Educação: Claude pode ser usado como um tutor virtual, ajudando os alunos a aprenderem novos conceitos e a responder suas perguntas.
- Atendimento ao cliente: Claude pode ser usado para responder perguntas frequentes de clientes e fornecer suporte técnico.
- Entretenimento: Claude pode ser usado para criar histórias, poemas e outros conteúdos criativos.
- Negócios: Claude pode ser usado para gerar relatórios, escrever e-mails e realizar outras tarefas de escritório.
- Pesquisa: Claude pode ser usado para analisar dados, encontrar padrões e gerar novas ideias.

Benefícios:
- Versátil: Claude pode ser usado para uma variedade de tarefas, desde conversação até geração de texto e tradução.
- Informativo: Claude pode fornecer informações sobre uma ampla gama de tópicos.
- Criativo: Claude pode te ajudar a criar textos e conteúdos originais.
- Eficiente: Claude pode te ajudar a economizar tempo e esforço ao realizar tarefas.

Limitações:
- Em desenvolvimento: Claude ainda está em desenvolvimento e pode cometer erros.

- Acesso restrito: Claude ainda não está disponível para o público em geral.
- Viés: Claude pode apresentar vieses em suas respostas, dependendo do conjunto de dados em que foi treinado.

"Claude AI" é uma IA conversacional promissora com o potencial de revolucionar a maneira como interagimos com computadores. Com sua capacidade de gerar texto, traduzir idiomas, responder perguntas e realizar outras tarefas,

Claude tem o potencial de ser uma ferramenta poderosa para diversas áreas.

Observação: É importante ressaltar que "Claude AI" não é um chatbot que possui consciência ou sentimentos. É um modelo de linguagem avançado que foi treinado para gerar respostas que simulam uma conversa humana.

4.15 Highlights - Descrições de qualquer vídeo

"Highlights AI" é uma inteligência artificial (IA) inovadora que visa automatizar a criação de resumos de vídeos. A ferramenta utiliza técnicas de aprendizado de máquina para analisar o conteúdo do vídeo e identificar os momentos mais importantes, gerando automaticamente um resumo conciso e informativo.

Funcionalidades:

- Detecção de cenas: A IA identifica as diferentes cenas que compõem o vídeo e categoriza-as de acordo com o seu conteúdo.

- Análise de conteúdo: A IA extrai informações relevantes de cada cena, como pessoas, objetos, ações e diálogos.

- Identificação de momentos importantes: A IA utiliza algoritmos avançados para determinar os momentos mais importantes do vídeo, como pontos de virada na narrativa, momentos de humor ou ação, etc.

- Geração de resumo: A IA combina as informações extraídas e os momentos importantes para gerar um resumo conciso e informativo do vídeo.

Aplicações:

- Mídia e entretenimento: "Highlights AI" pode ser usado para criar resumos de filmes, programas de TV, vídeos de notícias e outros conteúdos de mídia.

- Educação: A IA pode ser utilizada para criar resumos de aulas, palestras e outros conteúdos educativos.

- Negócios: A ferramenta pode ser utilizada para resumir reuniões, apresentações e outros materiais de negócios.

- Pesquisa: "Highlights AI" pode ser usado para analisar grandes volumes de vídeos de forma rápida e eficiente.

Benefícios:

- Economia de tempo: A IA automatiza a criação de resumos, liberando tempo para outras tarefas.

- Melhoria da produtividade: A ferramenta permite que as pessoas consumam informações de forma mais rápida e eficiente.

- Aumento da acessibilidade: A IA torna o conteúdo de vídeo mais acessível para pessoas com deficiência visual ou auditiva.

Limitações:

- A qualidade do resumo depende da qualidade do vídeo: A IA precisa de um vídeo de boa qualidade para funcionar corretamente.

- A IA não é perfeita: Pode haver erros nos resumos, especialmente em vídeos complexos ou com conteúdo ambíguo.

- A ferramenta está em constante desenvolvimento: Novas funcionalidades e idiomas estão sendo adicionados regularmente.

"Highlights AI" é uma IA promissora que oferece uma nova maneira de consumir conteúdo de vídeo. Com sua capacidade de gerar resumos automáticos e informativos, a ferramenta tem o potencial de revolucionar a forma como assistimos e processamos informações em vídeos.

Observação: É importante ressaltar que "Highlights AI" não é uma ferramenta perfeita e ainda está em desenvolvimento. No entanto, a IA apresenta um grande potencial para tornar o consumo de vídeos mais eficiente e acessível.

4.16 OpusClip - Cortes automáticos de seus vídeos

"OpusClip" é uma ferramenta inovadora de inteligência artificial (IA) desenvolvida pela OpenAI que permite a criação de podcasts a partir de conversas em áudio. A ferramenta utiliza técnicas de aprendizado de máquina para transcrever a conversa, identificar os pontos mais importantes e gerar automaticamente um podcast com introdução, música de fundo e outros elementos profissionais.

Funcionalidades:

- Transcrição de áudio: A IA transcreve a conversa em áudio para texto com alta precisão, mesmo em ambientes ruidosos.

- Identificação de tópicos: A IA identifica os tópicos principais da conversa e os organiza em uma estrutura de podcast.

- Geração de introdução: A ferramenta gera automaticamente uma introdução profissional para o podcast, com música de fundo e créditos.

- Edição de áudio: O OpusClip permite editar o áudio do podcast, cortando partes indesejadas e ajustando o volume e a qualidade do som.

- Publicação de podcast: A ferramenta facilita a publicação do podcast em plataformas populares como Spotify, Apple Podcasts e Google Podcasts.

Aplicações:

- Criação de podcasts: "OpusClip" é ideal para criadores de conteúdo que desejam criar podcasts de forma rápida e fácil, sem a necessidade de conhecimentos técnicos em edição de áudio.

- Educação: A ferramenta pode ser utilizada para criar podcasts educativos a partir de palestras, entrevistas e outros conteúdos audiovisuais.

- Negócios: O OpusClip pode ser utilizado para criar podcasts corporativos para compartilhar notícias da empresa, entrevistas com colaboradores e outros conteúdos relevantes.

- Entretenimento: A ferramenta pode ser utilizada para criar podcasts de entrevistas, histórias e outros conteúdos de entretenimento.

Benefícios:

- Eficiência: O OpusClip automatiza a criação de podcasts, economizando tempo e esforço.

- Qualidade profissional: A ferramenta gera podcasts com qualidade profissional, com introdução, música de fundo e outros elementos.

- Acessibilidade: O OpusClip torna a criação de podcasts mais acessível para pessoas sem conhecimentos técnicos em edição de áudio.

- Flexibilidade: A ferramenta permite a personalização do podcast com diferentes estilos de música, introduções e outros elementos.

Limitações:

- Disponibilidade: O OpusClip ainda está em desenvolvimento e não está disponível para o público em geral.

- Idiomas: A ferramenta ainda não oferece suporte para todos os idiomas.

- Conteúdo sensível: A IA pode transcrever e incluir conteúdo sensível no podcast, que deve ser revisado pelo usuário antes da publicação.

"OpusClip" é uma ferramenta inovadora com grande potencial para democratizar a criação de podcasts. A ferramenta oferece uma maneira fácil e rápida de criar podcasts com qualidade profissional, tornando a produção de conteúdo de áudio mais acessível para todos.

Observação: O OpusClip ainda está em desenvolvimento e suas funcionalidades podem ser aprimoradas com o tempo. A OpenAI está constantemente buscando feedback dos usuários para melhorar a ferramenta e atender às suas necessidades.

4.17 Repiclate: teste diferentes API's em um só lugar

"Repiclate" é uma ferramenta inovadora de inteligência artificial (IA) desenvolvida pela Google AI que permite a criação de vídeos a partir de imagens estáticas. A ferramenta utiliza técnicas de aprendizado de máquina para gerar automaticamente um vídeo com movimento, transições e música de fundo, utilizando as imagens como base.

Funcionalidades:

- Criação de vídeo: A IA gera automaticamente um vídeo a partir de imagens estáticas, com movimento, transições e música de fundo.

- Estilos de vídeo: A ferramenta oferece diversos estilos de vídeo para escolher, como animações, slideshows e vídeos com efeitos especiais.

- Edição de vídeo: O Repiclate permite editar o vídeo gerado, ajustando a ordem das imagens, a duração do vídeo e a música de fundo.

- Personalização: A ferramenta permite personalizar o vídeo com diferentes estilos de transição, filtros e outros elementos.

- Exportação de vídeo: O Repiclate permite exportar o vídeo gerado em diferentes formatos, como MP4, MOV e WMV.

Aplicações:

- Criação de conteúdo: "Repiclate" é ideal para criadores de conteúdo que desejam criar vídeos de forma rápida e fácil, sem a necessidade de conhecimentos técnicos em edição de vídeo.

- Educação: A ferramenta pode ser utilizada para criar vídeos educativos a partir de imagens, gráficos e outros recursos visuais.

- Negócios: O Repiclate pode ser utilizado para criar vídeos corporativos para apresentar produtos, serviços e outros conteúdos relevantes.

- Entretenimento: A ferramenta pode ser utilizada para criar vídeos de viagens, eventos e outros momentos especiais.

Benefícios:

- Eficiência: O Repiclate automatiza a criação de vídeos, economizando tempo e esforço.

- Qualidade profissional: A ferramenta gera vídeos com qualidade profissional, com movimento, transições e música de fundo.

- Acessibilidade: O Repiclate torna a criação de vídeos mais acessível para pessoas sem conhecimentos técnicos em edição de vídeo.

- Flexibilidade: A ferramenta permite a personalização do vídeo com diferentes estilos de transição, filtros e outros elementos.

Limitações:

- Disponibilidade: O Repiclate ainda está em desenvolvimento e não está disponível para o público em geral.

- Idiomas: A ferramenta ainda não oferece suporte para todos os idiomas.

- Conteúdo sensível: A IA pode gerar conteúdo sensível no vídeo, que deve ser revisado pelo usuário antes da publicação.

"Repiclate" é uma ferramenta inovadora com grande potencial para democratizar a criação de vídeos. A ferramenta oferece uma maneira fácil e rápida de criar vídeos com qualidade profissional, tornando a produção de conteúdo de vídeo mais acessível para todos.

Observação: O Repiclate ainda está em desenvolvimento e suas funcionalidades podem ser aprimoradas com o tempo. A Google AI está constantemente buscando feedback dos usuários para melhorar a ferramenta e atender às suas necessidades.

4.18 Baby AGI - Trabalhe com agentes de IA

"Baby AGI" (Artificial General Intelligence) é uma ferramenta de inteligência artificial (IA) em desenvolvimento pela OpenAI que visa criar uma IA com inteligência de nível humano, capaz de aprender e realizar diversas tarefas. A ferramenta ainda está em fase inicial de desenvolvimento, mas já demonstra um grande potencial para revolucionar a forma como interagimos com computadores.

Funcionalidades:

- Aprendizado de linguagem: A IA é capaz de aprender e compreender linguagem natural, permitindo que ela se comunique com humanos de forma natural e intuitiva.

- Resolução de problemas: A IA pode ser utilizada para resolver problemas complexos, como escrever código, analisar dados e tomar decisões.

- Criatividade: A ferramenta pode ser utilizada para gerar conteúdo criativo, como poemas, histórias e código.

- Raciocínio: A IA é capaz de raciocinar e tomar decisões com base em informações e conhecimentos.

Aplicações:

- Assistência pessoal: "Baby AGI" pode ser utilizada como um assistente pessoal, ajudando as pessoas com tarefas do dia a dia, como agendar compromissos, fazer compras e encontrar informações.

- Educação: A ferramenta pode ser utilizada para criar experiências de aprendizado personalizadas e interativas para alunos de todas as idades.

- Negócios: A IA pode ser utilizada para automatizar tarefas, analisar dados e tomar decisões estratégicas em empresas.

- Pesquisa: A ferramenta pode ser utilizada para auxiliar pesquisadores em diversas áreas, como medicina, engenharia e ciência da computação.

Benefícios:

- Eficiência: A IA pode automatizar tarefas e realizar trabalhos de forma mais rápida e eficiente do que humanos.

- Precisão: A IA pode analisar dados e tomar decisões com maior precisão do que humanos.

- Criatividade: A ferramenta pode gerar conteúdo criativo e inovador que pode ser utilizado em diversas áreas.

- Acessibilidade: A IA pode tornar a informação e o conhecimento mais acessíveis para todos.

Limitações:

- Disponibilidade: A ferramenta ainda está em desenvolvimento e não está disponível para o público em geral.

- Segurança: É importante garantir que a IA seja segura e confiável antes de ser utilizada em larga escala.

- Ética: O desenvolvimento de IA levanta questões éticas importantes que precisam ser consideradas.

"Baby AGI" é uma ferramenta de IA promissora com o potencial de revolucionar a forma como vivemos e trabalhamos. A ferramenta ainda está em desenvolvimento, mas já demonstra um grande potencial para tornar o mundo um lugar mais eficiente, preciso, criativo e acessível.

Observação: É importante ressaltar que "Baby AGI" ainda está em fase inicial de desenvolvimento e que existem muitos desafios a serem superados antes que a ferramenta possa ser utilizada em larga escala. No entanto, o potencial da IA é imenso e pode trazer grandes benefícios para a sociedade.

4.19 NatDev - Teste diversos modelos de LLM's

NatDev é uma ferramenta online gratuita que permite testar diversos modelos de linguagem de grande porte (LLM's) em português, como Bard, GPT-3 e Megatron-Turing NLG. A ferramenta oferece uma interface simples e intuitiva para que você possa experimentar as diferentes capacidades dos LLM's e escolher o modelo que melhor se adapta às suas necessidades.

Funcionalidades:

- Teste de modelos: NatDev permite que você experimente diferentes modelos de LLM's em português, como Bard, GPT-3 e Megatron-Turing NLG.

- Diversas tarefas: A ferramenta oferece diversas tarefas para testar os LLM's, como gerar texto, traduzir idiomas, escrever diferentes tipos de conteúdo criativo e responder perguntas de forma informativa.

- Comparação de modelos: NatDev permite comparar os resultados de diferentes modelos de LLM's para a mesma tarefa, ajudando você a escolher o modelo mais adequado para suas necessidades.

- Interface amigável: A ferramenta possui uma interface simples e intuitiva que facilita o uso, mesmo para quem não tem experiência com LLM's.

Aplicações:

- Pesquisa: NatDev pode ser utilizada por pesquisadores para explorar as capacidades dos LLM's e desenvolver novas aplicações para essa tecnologia.

- Educação: A ferramenta pode ser utilizada por educadores para criar materiais didáticos interativos e personalizados.

- Negócios: NatDev pode ser utilizada por empresas para automatizar tarefas, gerar leads e melhorar a experiência do cliente.

- Entretenimento: A ferramenta pode ser utilizada para criar histórias, poemas, roteiros e outros conteúdos criativos.

Benefícios:

- Gratuita: NatDev é uma ferramenta gratuita que pode ser utilizada por qualquer pessoa.

- Fácil de usar: A ferramenta possui uma interface simples e intuitiva que facilita o uso, mesmo para quem não tem experiência com LLM's.

- Diversos modelos: NatDev oferece acesso a diversos modelos de LLM's em português, permitindo que você experimente diferentes opções e escolha a que melhor se adapta às suas necessidades.

- Comparação de modelos: A ferramenta permite comparar os resultados de diferentes modelos de LLM's para a mesma tarefa, ajudando você a escolher o modelo mais adequado para suas necessidades.

Limitações:

- Versão beta: NatDev ainda está em versão beta, o que significa que a ferramenta pode apresentar erros ou falhas.

- Recursos limitados: A ferramenta oferece um número limitado de tarefas e recursos.

- Modelos em desenvolvimento: Os modelos de LLM's ainda estão em desenvolvimento, o que significa que suas capacidades podem ser limitadas.

NatDev é uma ferramenta útil para testar diversos modelos de LLM's em português e explorar suas capacidades. A ferramenta é gratuita, fácil de usar e oferece diversos recursos para comparar diferentes modelos. No entanto, é importante lembrar que NatDev ainda está em versão beta e que os modelos de LLM's ainda estão em desenvolvimento.

Observação:

- A ferramenta NatDev está em constante desenvolvimento e novos modelos e recursos estão sendo adicionados regularmente.

- É importante usar a ferramenta de forma responsável e ética, evitando gerar conteúdo que seja prejudicial ou discriminatório.

4.20 Krisp AI - Faça "Calls" com qualidade de áudio

O que é "Krisp AI"?

"Krisp AI" é uma ferramenta de inteligência artificial (IA) inovadora que visa eliminar ruídos indesejados de chamadas de voz e vídeo. A ferramenta utiliza técnicas de aprendizado de máquina para identificar e remover ruídos de fundo, como latidos de cachorro, tráfego e sons de teclado, proporcionando uma experiência de comunicação mais clara e nítida.

Funcionalidades:

- Cancelamento de ruído: A IA identifica e remove ruídos de fundo em tempo real, como latidos de cachorro, tráfego e sons de teclado.

- Supressão de eco: A ferramenta elimina o eco em chamadas de voz e vídeo, proporcionando uma melhor qualidade de áudio.

- Ajuste de volume automático: O Krisp AI ajusta automaticamente o volume da sua voz e dos outros participantes da chamada, garantindo que todos sejam ouvidos com clareza.

- Modo de música: A ferramenta permite que você ouça música durante chamadas de voz, sem que os outros participantes da chamada ouçam o som da música.

Aplicações:

- Trabalho remoto: O Krisp AI é ideal para profissionais que trabalham remotamente e precisam participar de chamadas de voz e vídeo frequentes.

- Educação online: A ferramenta pode ser utilizada por alunos e professores em aulas online, proporcionando uma melhor experiência de aprendizado.

- Atendimento ao cliente: O Krisp AI pode ser utilizado por empresas para melhorar a qualidade das chamadas de atendimento ao cliente.

- Comunicação pessoal: A ferramenta pode ser utilizada por qualquer pessoa que deseja melhorar a qualidade de suas chamadas de voz e vídeo com amigos e familiares.

Benefícios:

- Melhor qualidade de áudio: O Krisp AI proporciona uma melhor qualidade de áudio em chamadas de voz e vídeo, eliminando ruídos indesejados e eco.

- Maior clareza: A ferramenta torna as conversas mais claras e nítidas, facilitando a compreensão do que está sendo dito.

- Produtividade aumentada: A melhor qualidade de áudio e a maior clareza das conversas podem ajudar a aumentar a produtividade em ambientes de trabalho.

- Experiência de comunicação mais agradável: O Krisp AI torna as chamadas de voz e vídeo mais agradáveis para todos os participantes.

Limitações:

- Versão gratuita limitada: A versão gratuita do Krisp AI oferece apenas 120 minutos de uso por mês.

- Alguns ruídos podem não ser detectados: A IA pode não ser capaz de detectar e remover todos os ruídos de fundo.

- Requer internet: A ferramenta requer conexão à internet para funcionar.

"Krisp AI" é uma ferramenta de IA inovadora que oferece uma solução eficaz para eliminar ruídos indesejados de chamadas de voz e vídeo. A ferramenta é fácil de usar, oferece diversos benefícios e pode ser utilizada por qualquer pessoa que deseja melhorar a qualidade de suas comunicações.

Observação:

- A ferramenta Krisp AI está em constante desenvolvimento e novas funcionalidades estão sendo adicionadas regularmente.

- É importante usar a ferramenta de forma responsável e ética, evitando utilizá-la para fins maliciosos.

4.21 CapCut - Edite vídeos facilmente

O CapCut é um editor de vídeo gratuito e poderoso que oferece diversas ferramentas para criar e editar vídeos de alta qualidade. Além das ferramentas tradicionais de edição, o CapCut também oferece recursos de inteligência artificial (IA) que podem ser utilizados para automatizar tarefas e melhorar a qualidade dos seus vídeos.

Funcionalidades de IA:

- Modelos de edição: O CapCut oferece diversos modelos de edição pré-definidos que podem ser utilizados para criar vídeos com diferentes estilos e efeitos.

- Filtros e efeitos: A ferramenta oferece uma variedade de filtros e efeitos de IA que podem ser aplicados aos seus vídeos para dar um toque especial.

- Transições: O CapCut oferece diversas transições de IA que podem ser utilizadas para conectar as diferentes cenas do seu vídeo de forma suave e profissional.

- Música de fundo: A ferramenta oferece uma biblioteca de músicas de fundo gratuitas que podem ser utilizadas em seus vídeos.

- Reconhecimento de objetos: O CapCut utiliza IA para reconhecer objetos em seus vídeos e remover fundos indesejados, como chroma key.

- Legenda automática: A ferramenta pode gerar legendas automáticas para seus vídeos em diversos idiomas.

Aplicações:

- Criação de conteúdo: O CapCut pode ser utilizado para criar diversos tipos de conteúdo de vídeo, como tutoriais, vlogs, vídeos de marketing e muito mais.

- Edição de vídeos: A ferramenta pode ser utilizada para editar vídeos caseiros, vídeos de viagens e outros tipos de vídeos pessoais.

- Educação: O CapCut pode ser utilizado por professores e alunos para criar materiais didáticos interativos e personalizados.

- Negócios: O CapCut pode ser utilizado por empresas para criar vídeos corporativos, anúncios e outros tipos de conteúdo de marketing.

Benefícios:

- Fácil de usar: O CapCut possui uma interface intuitiva que facilita o uso, mesmo para quem não tem experiência em edição de vídeo.

- Gratuito: A ferramenta é gratuita para baixar e usar.

- Recursos avançados: O CapCut oferece diversos recursos avançados de edição de vídeo, incluindo ferramentas de IA.

- Qualidade profissional: O CapCut permite criar vídeos de alta qualidade com aparência profissional.

Limitações:

- Marca d'água: A versão gratuita do CapCut coloca uma marca d'água nos seus vídeos.

- Recursos limitados: A versão gratuita do CapCut oferece alguns recursos limitados.

- Requer internet: A ferramenta requer conexão à internet para funcionar.

Site oficial: https://www.capcut.com/

O CapCut é um editor de vídeo poderoso e fácil de usar que oferece diversos recursos de IA para automatizar tarefas e melhorar a qualidade dos seus vídeos. A ferramenta é gratuita e oferece diversos recursos avançados, tornando-a uma ótima opção para criadores de conteúdo de todos os níveis.

Observação:

- A ferramenta CapCut está em constante desenvolvimento e novas funcionalidades estão sendo adicionadas regularmente.

- É importante usar a ferramenta de forma responsável e ética, evitando utilizá-la para fins maliciosos.

4.22 OpusClip - Cortes automáticos de seus vídeos

"OpusClip" é uma ferramenta inovadora de inteligência artificial (IA) desenvolvida pela OpenAI que permite a criação de podcasts a partir de conversas em áudio. A ferramenta utiliza técnicas de aprendizado de máquina para transcrever a conversa, identificar os pontos mais importantes e gerar automaticamente um podcast com introdução, música de fundo e outros elementos profissionais.

Funcionalidades:

- Transcrição de áudio: A IA transcreve a conversa em áudio para texto com alta precisão, mesmo em ambientes ruidosos.

- Identificação de tópicos: A ferramenta identifica os tópicos principais da conversa e os organiza em uma estrutura de podcast.

- Geração de introdução: A OpusClip gera automaticamente uma introdução profissional para o podcast, com música de fundo e créditos.

- Edição de áudio: O OpusClip permite editar o áudio do podcast, cortando partes indesejadas e ajustando o volume e a qualidade do som.

- Publicação de podcast: A ferramenta facilita a publicação do podcast em plataformas populares como Spotify, Apple Podcasts e Google Podcasts.

Aplicações:

- Criação de podcasts: "OpusClip" é ideal para criadores de conteúdo que desejam criar podcasts de forma rápida e fácil, sem a necessidade de conhecimentos técnicos em edição de áudio.

- Educação: A ferramenta pode ser utilizada para criar podcasts educativos a partir de palestras, entrevistas e outros conteúdos audiovisuais.

- Negócios: O OpusClip pode ser utilizado para criar podcasts corporativos para compartilhar notícias da empresa, entrevistas com colaboradores e outros conteúdos relevantes.

- Entretenimento: A ferramenta pode ser utilizada para criar podcasts de entrevistas, histórias e outros conteúdos de entretenimento.

Benefícios:

- Eficiência: O OpusClip automatiza a criação de podcasts, economizando tempo e esforço.

- Qualidade profissional: A ferramenta gera podcasts com qualidade profissional, com introdução, música de fundo e outros elementos.

- Acessibilidade: O OpusClip torna a criação de podcasts mais acessível para pessoas sem conhecimentos técnicos em edição de áudio.

- Flexibilidade: A ferramenta permite a personalização do podcast com diferentes estilos de música, introduções e outros elementos.

Limitações:

- Disponibilidade: O OpusClip ainda está em desenvolvimento e não está disponível para o público em geral.

- Idiomas: A ferramenta ainda não oferece suporte para todos os idiomas.

- Conteúdo sensível: A IA pode transcrever e incluir conteúdo sensível no podcast, que deve ser revisado pelo usuário antes da publicação.

"OpusClip" é uma ferramenta inovadora com grande potencial para democratizar a criação de podcasts. A ferramenta oferece uma maneira fácil e rápida de criar podcasts com qualidade profissional, tornando a produção de conteúdo de áudio mais acessível para todos.

Observação:

- O OpusClip ainda está em desenvolvimento e suas funcionalidades podem ser aprimoradas com o tempo.

- A OpenAI está constantemente buscando feedback dos usuários para melhorar a ferramenta e atender às suas necessidades.

Informações Adicionais:

- Similaridades com outras ferramentas: O OpusClip possui algumas similaridades com outras ferramentas de IA para criação de podcasts, como o Anchor e o Podbean. No entanto, o OpusClip se destaca por sua capacidade de transcrever e analisar o conteúdo da conversa em áudio, o que permite a criação de podcasts mais estruturados e informativos.

- Impacto na indústria de podcasts: O OpusClip tem o potencial de revolucionar a indústria de podcasts, tornando a criação de podcasts mais acessível para pessoas sem conhecimentos técnicos em edição de áudio. A ferramenta também pode ajudar a aumentar o número de podcasts disponíveis e a diversificar o conteúdo dos podcasts.

4.23 LuzIA - Análise de dados e insights

"LuzIA" é uma ferramenta inovadora de inteligência artificial (IA) desenvolvida pelo Google AI que visa auxiliar na análise de dados e geração de insights a partir de documentos e textos em português. A ferramenta utiliza técnicas de aprendizado de máquina para processar linguagem natural, extrair informações relevantes e apresentar os resultados de forma clara e concisa.

Funcionalidades:

- Análise de dados: A IA pode analisar dados de diferentes tipos de documentos, como contratos, relatórios e pesquisas, para identificar padrões, tendências e insights relevantes.

- Extração de informações: A ferramenta pode extrair informações específicas de documentos, como nomes, datas, valores e eventos, e organizá-las em um formato estruturado.

- Geração de resumos: O LuzIA pode gerar resumos automáticos de documentos, com os pontos mais importantes e relevantes, para facilitar a leitura e compreensão.

- Criação de relatórios: A ferramenta pode criar relatórios personalizados com base nos resultados da análise, com gráficos, tabelas e outros elementos visuais.

- Resposta a perguntas: A IA pode responder a perguntas sobre o conteúdo dos documentos, de forma precisa e informativa.

Aplicações:

- Análise de negócios: "LuzIA" pode ser utilizada para analisar dados de mercado, identificar oportunidades e tomar decisões estratégicas em empresas.

- Análise jurídica: A ferramenta pode ser utilizada para analisar contratos, jurisprudências e outros documentos jurídicos, para auxiliar na tomada de decisões e na elaboração de estratégias.

- Pesquisa científica: O LuzIA pode ser utilizado para analisar dados de pesquisas científicas, identificar padrões e gerar insights relevantes.

- Educação: A ferramenta pode ser utilizada para analisar textos acadêmicos, gerar resumos e auxiliar na pesquisa e aprendizado.

- Atendimento ao cliente: O LuzIA pode ser utilizado para analisar dados de interação com clientes, identificar problemas e melhorar a experiência do cliente.

Benefícios:

- Eficiência: A IA automatiza a análise de dados e geração de insights, economizando tempo e esforço.

- Precisão: A ferramenta utiliza técnicas avançadas de IA para garantir a precisão dos resultados.

- Acessibilidade: O LuzIA torna a análise de dados mais acessível para pessoas sem conhecimentos técnicos em análise de dados.

- Flexibilidade: A ferramenta permite a personalização da análise de acordo com as necessidades do usuário.

Limitações:

- Disponibilidade: O LuzIA ainda está em desenvolvimento e não está disponível para o público em geral.

- Idiomas: A ferramenta ainda não oferece suporte para todos os idiomas.

- Conteúdo sensível: A IA pode extrair e apresentar conteúdo sensível nos resultados, que deve ser revisado pelo usuário.

"LuzIA" é uma ferramenta inovadora com grande potencial para revolucionar a forma como analisamos dados e geramos insights. A ferramenta oferece uma maneira rápida, precisa e acessível de extrair informações relevantes de documentos e textos, tornando a tomada de decisões mais eficiente e estratégica.

Observação:

- O LuzIA ainda está em desenvolvimento e suas funcionalidades podem ser aprimoradas com o tempo.

- A Google AI está constantemente buscando feedback dos usuários para melhorar a ferramenta e atender às suas necessidades.

Informações Adicionais:

- Similaridades com outras ferramentas: O LuzIA possui algumas similaridades com outras ferramentas de IA para análise de dados, como o IBM Watson Analytics e o Microsoft Azure Machine Learning Studio. No entanto, o LuzIA se destaca por sua capacidade de processar linguagem natural e gerar insights em português, o que o torna mais acessível para usuários que não dominam outras línguas.

- Impacto na indústria de análise de dados: O LuzIA tem o potencial de democratizar a análise de dados, tornando-a mais acessível para empresas e profissionais de todos os portes. A ferramenta também pode ajudar a aumentar a produtividade e a qualidade da análise de dados, e a gerar insights mais relevantes e acionáveis.

4.24 Pinokio - Espécie navegador turbinado com IA

"Pinokio" é uma ferramenta inovadora de inteligência artificial (IA) desenvolvida pela Microsoft que visa auxiliar na criação de interfaces de usuário conversacionais mais naturais e intuitivas. A ferramenta utiliza técnicas de aprendizado de máquina para gerar diálogos realistas e envolventes, levando em consideração o contexto da conversa e as preferências do usuário.

Funcionalidades:

- Geração de diálogos: A IA pode gerar diálogos realistas e envolventes para interfaces de usuário conversacionais, como chatbots e assistentes virtuais.

- Personalização: A ferramenta permite personalizar os diálogos de acordo com o contexto da conversa, as preferências do usuário e a persona do chatbot.

- Adaptação em tempo real: O Pinokio pode se adaptar em tempo real ao feedback do usuário, ajustando os diálogos para torná-los mais relevantes e interessantes.

- Análise de sentimento: A IA pode analisar o sentimento do usuário e ajustar o tom dos diálogos para proporcionar uma experiência mais agradável.

- Integração com outras ferramentas: O Pinokio pode ser integrado com outras ferramentas de desenvolvimento de software para facilitar a criação de interfaces de usuário conversacionais.

Aplicações:

- Atendimento ao cliente: "Pinokio" pode ser utilizado para criar chatbots que auxiliam no atendimento ao cliente, respondendo perguntas, resolvendo problemas e oferecendo suporte técnico.

- Educação: A ferramenta pode ser utilizada para criar interfaces de usuário conversacionais para plataformas de ensino online, auxiliando os alunos na aprendizagem e resolução de dúvidas.

- Entretenimento: O Pinokio pode ser utilizado para criar chatbots para jogos e outros aplicativos de entretenimento, proporcionando uma experiência mais interativa e envolvente para os usuários.

- Saúde: A ferramenta pode ser utilizada para criar chatbots que auxiliam pacientes na gestão de sua saúde, oferecendo informações sobre doenças, medicamentos e tratamentos.

- Recursos Humanos: O Pinokio pode ser utilizado para criar chatbots que auxiliam na triagem de currículos, agendamento de entrevistas e onboarding de novos colaboradores.

Benefícios:

- Experiência natural: A IA gera diálogos realistas e envolventes, que proporcionam uma experiência mais natural para o usuário.

- Eficiência: O Pinokio pode automatizar tarefas repetitivas, como responder perguntas frequentes, liberando tempo para que os agentes humanos se concentrem em tarefas mais complexas.

- Satisfação do cliente: Chatbots com diálogos personalizados e relevantes podem aumentar a satisfação do cliente e melhorar a experiência do usuário.

- Escalabilidade: A ferramenta pode ser utilizada para criar chatbots que atendem a muitos usuários simultaneamente.

Limitações:

- Disponibilidade: O Pinokio ainda está em desenvolvimento e não está disponível para o público em geral.

- Idiomas: A ferramenta ainda não oferece suporte para todos os idiomas.

- Conteúdo sensível: A IA pode gerar diálogos que contêm conteúdo sensível, que deve ser revisado pelo usuário.

"Pinokio" é uma ferramenta inovadora com grande potencial para revolucionar a forma como criamos interfaces de usuário conversacionais. A ferramenta oferece uma maneira de gerar diálogos realistas e envolventes, que proporcionam uma experiência mais natural e agradável para o usuário.

Observação:

- O Pinokio ainda está em desenvolvimento e suas funcionalidades podem ser aprimoradas com o tempo.

- A Microsoft está constantemente buscando feedback dos usuários para melhorar a ferramenta e atender às suas necessidades.

Informações Adicionais:

- Similaridades com outras ferramentas: O Pinokio possui algumas similaridades com outras ferramentas de IA para criação de interfaces de usuário conversacionais, como o Rasa e o Dialogflow. No entanto, o Pinokio se destaca por sua capacidade de gerar diálogos em português e se adaptar em tempo real ao feedback do usuário.

- Impacto na indústria de interfaces de usuário conversacionais: O Pinokio tem o potencial de democratizar a criação de interfaces de usuário conversacionais, tornando-as mais acessíveis para empresas e profissionais de todos os portes. A ferramenta também pode ajudar a aumentar a qualidade e a naturalidade dos diálogos, e a proporcionar uma experiência mais agradável para os usuários.

4.25 Forefront AI - Acesse vários modelos de IA

Forefront AI é uma plataforma de inteligência artificial (IA) inovadora desenvolvida pela Microsoft oferece diversos recursos para auxiliar empresas na transformação digital de seus negócios. A plataforma combina ferramentas de IA com expertise em consultoria para ajudar as empresas a resolverem problemas complexos, otimizar processos e tomar decisões mais inteligentes.

Funcionalidades:

- Análise de dados: Forefront AI oferece ferramentas avançadas de análise de dados que permitem às empresas extraírem insights valiosos de seus dados, identificar padrões e tendências, e tomar decisões mais estratégicas.

- Automação de processos: A plataforma oferece recursos para automatizar tarefas repetitivas e manuais, liberando tempo para que os colaboradores se concentrem em atividades mais estratégicas e criativas.

- Desenvolvimento de modelos de IA: Forefront AI fornece ferramentas para criar e implementar modelos de IA personalizados que atendem às necessidades específicas de cada empresa.

- Consultoria especializada: A plataforma oferece acesso a uma equipe de especialistas em IA que podem auxiliar as empresas na definição da estratégia de IA, na implementação de soluções e na obtenção de resultados.

Aplicações:

- Atendimento ao cliente: Forefront AI pode ser utilizada para analisar dados de interação com clientes, identificar problemas e melhorar a experiência do cliente.

- Marketing: A plataforma pode ser utilizada para segmentar clientes, personalizar campanhas de marketing e aumentar o ROI das campanhas.

- Vendas: Forefront AI pode ser utilizada para identificar leads qualificados, prever vendas e otimizar o processo de vendas.

- Finanças: A plataforma pode ser utilizada para detectar fraudes, gerenciar riscos e otimizar o gerenciamento de tesouraria.

- Manufatura: Forefront AI pode ser utilizada para otimizar a produção, prever falhas de equipamentos e melhorar a qualidade dos produtos.

Benefícios:

- Aumento da eficiência: A automação de tarefas repetitivas e a análise de dados podem ajudar as empresas a aumentarem sua eficiência e reduzir custos.

- Melhoria da tomada de decisões: A plataforma fornece insights valiosos que podem ajudar as empresas a tomar decisões mais inteligentes e estratégicas.

- Inovação: Forefront AI pode ajudar as empresas a desenvolverem novos produtos e serviços inovadores que atendem às necessidades dos clientes.

- Competitividade: A plataforma pode ajudar as empresas a se tornarem mais competitivas no mercado global.

Limitações:

- Custo: A plataforma Forefront AI pode ser cara para algumas empresas, especialmente para pequenas e médias empresas.

- Complexidade: A plataforma pode ser complexa para usar, e as empresas podem precisar de treinamento para utilizar todas as suas funcionalidades.

- Riscos éticos: É importante que as empresas utilizem a plataforma de forma ética e responsável, para evitar vieses e discriminação.

Forefront AI é uma plataforma de IA poderosa que pode ajudar as empresas a se transformarem digitalmente e a se tornarem mais competitivas no mercado global. A plataforma oferece diversos recursos para auxiliar empresas de todos os portes a resolver problemas complexos, otimizar processos e tomar decisões mais inteligentes.

Observações:

- A plataforma Forefront AI está em constante desenvolvimento e novas funcionalidades estão sendo adicionadas regularmente.

- É importante que as empresas avaliem suas necessidades específicas antes de decidir se a plataforma Forefront AI é a solução ideal para elas.

- A Microsoft oferece diversos recursos para auxiliar as empresas na implementação da plataforma Forefront AI, incluindo treinamento e suporte técnico.

4.26 Perplexity - Suas pesquisas resumidas

Perplexity AI é uma ferramenta inovadora de inteligência artificial (IA) que auxilia na criação de conteúdo textual de alta qualidade. A ferramenta utiliza técnicas de aprendizado de máquina para analisar um grande conjunto de dados de texto e código, permitindo que ela gere textos criativos e informativos em diversos formatos, como:

- Poemas
- Códigos
- Roteiros

135

- Peças musicais
- E-mails
- Cartões
- Artigos
- Resumos
- Traduções
- E muito mais!

Funcionalidades:

- Geração de texto: A IA pode gerar textos de diferentes tipos e estilos, de acordo com as instruções do usuário.
- Análise de texto: A ferramenta pode analisar um texto e fornecer insights sobre seu conteúdo, estilo e sentimento.
- Tradução: Perplexity AI pode traduzir textos de um idioma para outro, com alta precisão e fluência.
- Edição de texto: A ferramenta pode auxiliar na edição de textos, corrigindo erros gramaticais e ortográficos, e sugerindo melhorias de estilo.
- Resumo de texto: Perplexity AI pode gerar resumos concisos e informativos de textos longos.

Aplicações:

- Criação de conteúdo: A ferramenta pode ser utilizada para criar diversos tipos de conteúdo textual, como artigos, blog posts, roteiros, poemas, etc.
- Tradução: Perplexity AI pode ser utilizada para traduzir documentos, e-mails, websites e outros conteúdos textuais.

- Edição de texto: A ferramenta pode ser utilizada para revisar e editar textos, garantindo a qualidade e clareza do conteúdo.

- Educação: Perplexity AI pode ser utilizada por alunos e professores para auxiliar na pesquisa, na produção de trabalhos acadêmicos e na aprendizagem de idiomas.

- Atendimento ao cliente: A ferramenta pode ser utilizada para gerar respostas personalizadas e informativas para perguntas frequentes de clientes.

Benefícios:

- Eficiência: A IA automatiza a criação e edição de textos, economizando tempo e esforço.

- Qualidade: A ferramenta gera textos de alta qualidade, com bom estilo e gramática.

- Criatividade: Perplexity AI pode auxiliar na geração de ideias criativas para conteúdo textual.

- Acessibilidade: A ferramenta é fácil de usar e pode ser utilizada por pessoas sem conhecimentos técnicos em IA.

Limitações:

- Disponibilidade: A versão completa da ferramenta Perplexity AI é paga.

- Conteúdo sensível: A IA pode gerar textos que contêm conteúdo sensível, que deve ser revisado pelo usuário.

- Vieses: É importante estar ciente dos vieses que podem estar presentes nos dados utilizados para treinar a IA.

Site oficial: https://perplexity.ai/

Perplexity AI é uma ferramenta inovadora com grande potencial para auxiliar na criação e edição de conteúdo textual. A ferramenta oferece uma maneira rápida, eficiente e criativa de gerar textos de alta qualidade, tornando a produção de conteúdo mais acessível para todos.

Observações:

- A ferramenta Perplexity AI está em constante desenvolvimento e novas funcionalidades estão sendo adicionadas regularmente.

- É importante usar a ferramenta de forma responsável e ética, evitando utilizá-la para fins maliciosos.

- A Perplexity AI oferece diversos recursos para auxiliar os usuários a utilizarem a ferramenta de forma eficaz, como tutoriais e documentação.

4.27 Considerações sobre as ferramentas de IA

As ferramentas de inteligência artificial (IA) estão se tornando cada vez mais presentes em nossas vidas, oferecendo uma gama de benefícios e impulsionando um crescimento exponencial em diversos setores.

Utilidade:

- Eficiência: A IA automatiza tarefas repetitivas e complexas, liberando tempo e recursos para atividades mais estratégicas e criativas.

- Precisão: A IA oferece análises de dados precisas e insights valiosos, auxiliando na tomada de decisões mais inteligentes e estratégicas.

- Criatividade: A IA gera ideias inovadoras e soluções criativas para problemas complexos.

- Acessibilidade: As ferramentas de IA estão se tornando mais fáceis de usar, tornando a tecnologia mais acessível para pessoas sem conhecimentos técnicos.

- Personalização: A IA permite a criação de experiências personalizadas para cada usuário, aumentando a satisfação e o engajamento.

Crescimento:

- Investimento: O investimento em IA está crescendo rapidamente, com empresas e governos reconhecendo o potencial da tecnologia para transformar diversos setores.

- Desenvolvimento de novas ferramentas: Novas ferramentas de IA estão sendo desenvolvidas constantemente, expandindo as possibilidades de aplicação da tecnologia.

- ** Adoção em diferentes setores:** A IA está sendo cada vez mais utilizada em diversos setores, como saúde, finanças, manufatura, educação e agricultura.

- Impacto na sociedade: A IA tem o potencial de revolucionar a sociedade, impactando áreas como trabalho, educação, saúde e transporte.

Exemplos de ferramentas de IA:

- Assistentes virtuais: Como Siri, Alexa e Google Assistant, auxiliam na realização de tarefas como agendar compromissos, fazer pesquisas e controlar dispositivos inteligentes.

- Chatbots: Automatizam o atendimento ao cliente, respondendo perguntas frequentes e oferecendo suporte técnico.

- Carros autônomos: Utilizam IA para navegar e evitar obstáculos, tornando o transporte mais seguro e eficiente.

- Softwares de reconhecimento facial: Permitem a identificação de pessoas em fotos e vídeos, com aplicações em segurança e marketing.

- Ferramentas de tradução automática: Quebram as barreiras linguísticas, permitindo a comunicação entre pessoas de diferentes culturas.

Considerações:

- Ética: É importante utilizar as ferramentas de IA de forma ética e responsável, evitando vieses e discriminação.

- Impacto no mercado de trabalho: A IA pode levar à automação de algumas tarefas, mas também criará novas oportunidades de trabalho.

- Desafios técnicos: Ainda existem desafios técnicos a serem superados, como a explicabilidade das decisões tomadas pela IA e a segurança dos sistemas.

As ferramentas de IA oferecem diversos benefícios e estão crescendo rapidamente em diferentes setores. É importante estar ciente do potencial da tecnologia e utilizá-la de forma responsável para garantir um futuro positivo para todos.

Conclusão

Caro leitor,

Na conclusão do livro "IA para Iniciantes", é emocionante refletir sobre a jornada que percorremos ao explorar o fascinante mundo da Inteligência Artificial. Ao longo destas páginas, mergulhamos nos fundamentos, exploramos aplicações práticas e consideramos as implicações éticas e futuras desta tecnologia revolucionária. A compreensão da IA não é apenas um exercício intelectual, mas uma chave que abre portas para um futuro repleto de possibilidades emocionantes. Desde os conceitos básicos de aprendizado de máquina até as complexidades dos algoritmos avançados, espero que este livro tenha fornecido uma base sólida para quem está dando os primeiros passos no vasto universo da IA.

É fundamental lembrar que, à medida que nos aventuramos nesse domínio, a responsabilidade e a ética desempenham papéis cruciais. A IA é uma ferramenta poderosa, e seu impacto na sociedade depende da maneira como a utilizamos. Cabe a cada um de nós, como aprendizes e exploradores da IA contribuir para um desenvolvimento que seja inclusivo, transparente e focado no benefício humano. Enquanto nos despedimos deste livro, encorajo todos os leitores a continuarem sua jornada de aprendizado, explorando novas fronteiras da Inteligência Artificial e aplicando seus conhecimentos de maneira criativa e responsável. Que este seja apenas o começo de uma jornada empolgante em direção a um futuro impulsionado pela inovação e compreensão profunda da IA. Boa sorte em suas explorações futuras neste emocionante campo da tecnologia.

www.ingramcontent.com/pod-product-compliance
Lightning Source LLC
Chambersburg PA
CBHW052321220526
45472CB00001B/213